ルベーグ積分
リアル入門

理論構造を追跡する

髙橋秀慈 著

裳華房

Introduction for Real to the Lebesgue Integration
Tracking the Theoretical Structure

by

Shuji TAKAHASHI

SHOKABO

TOKYO

JCOPY 〈出版者著作権管理機構 委託出版物〉

はじめに

　昔から日本中の多くの数学科学生にとって，ルベーグ (Lebesgue) 積分は難解なものであった．このような学生にとって理解可能なルベーグ積分の入門書は世界的に見ても存在しないというのが一般通念ではないだろうか．ルベーグ積分は専門性が高いので，仕方のないことだと位置づけられているのかもしれない．

　数学は人類の叡智の 1 つである．それは，数学理論という思考の産物のみならず，思考技術方法論という側面にもよるものである．ルベーグ積分は「理論の抽象化技術」の典型例の 1 つである．このとき，「抽象化された理論の完成形を展開していく」か，それとも「理論をいかに抽象化していくかの過程を追跡していくか」のどちらを優先するかという問題が発生する[*1]．前者を選択する著書も多いが，本書は後者の道を選んだ．それは，具体的に考えはじめるほうがルベーグ積分の目的を理解しやすいのではないかと思うからである．

　ルベーグ積分の入門書は，一般に測度論を経由して積分を導入するか，測度論を経由しないで積分を導入するか，に分かれる．本書は前者を採用している．測度論は，必ずしも $\mathbb{R}^n$ とは限らない一般的な集合に対して「長さ，面積，体積」の概念を導入する理論である．「抽象化された理論の完成形を展開していく」書物では測度論を一般的な集合に対して展開して，その理論を $\mathbb{R}^n$ に適用していく．確かに，数学は抽象理論を具体例に適用していく学問である．しかし，その理論がどのような背景の下にどのような目的をもってつくられているかが伏せられたまま，理論の進行に耳を傾けていかなければならない．それを理解できるかできないかは，読者の問題である．そこで本書では「理論を抽象化していく過程を追跡する」方法を採用した次第である．ルベー

[*1]　[3, まえがき].

グ積分はリーマン (Riemann) 積分の弱点を克服すべく考案された．リーマン積分は基本的に，連続関数に対する積分である．無数の不連続点をもつ関数の積分を考えていくと，区間ではない点集合に長さを定義するという問題が発生する．つまり「長さ」の概念を拡張するという作業をすることとなる．そして，この作業工程を一般化して測度論が誕生する．本書はこのような流れを念頭に構成されている．

　なお読者は，位相空間論など大学 2 年次までに学ぶような数学を通じて，ある程度の数学表現法，抽象的な思考法に慣れているものとした．ε-δ 論法，リーマン積分をしっかり理解した人に対して，どのように説明すればよいか考え，1 つの方法として本書を提示したい．

　「数学はわかる人がやるもので，わからない人はあきらめたほうがその人のためだ」という意見がある．この意見は正論で，反論するのは極めて難しい．本書がルベーグ積分の理解をあきらめずに済むための一助となれば幸甚である．

　最後になりましたが，本書原稿の TeX 入力を息子，明睦が協力してくれました．この場を借りて感謝の意を表することをお許しください．また本書出版にあたり，（株）裳華房編集部の亀井祐樹氏に心から感謝の意を表します．

　2023 年 7 月

髙 橋 秀 慈

目　　次

第Ⅰ部　ルベーグ測度

第Ⅱ部　可測関数

第Ⅲ部　ルベーグ積分

第Ⅳ部　抽象的な測度空間

I

ルベーグ測度

第 1 章

ルベーグ積分の基本発想

$$f(x) = \begin{cases} 3, & x \in \mathbb{Q} \\ 1, & x \notin \mathbb{Q} \end{cases} \tag{1.1}$$

は $[0,a]$ でリーマン (Riemann) 積分可能ではない．しかし，$\displaystyle\int_0^a f(x)dx$ はもし $[0,a]$ の中の有理数部分，無理数部分の「長さ」がわかり，それらをそれぞれ α, β とすれば，

$$\int_0^a f(x)dx = 3\alpha + \beta$$

と書ける．このように区間ではない集合に長さの概念を適用するために，長さとは何かということを考察する．

1.1 リーマン積分

まず，リーマン (Riemann) 積分について簡単に復習しておこう．

───────────────────────── リーマン積分可能とは

定義 1.1 まず関数 $f(x)$ は $[a,b]$ で有界であるとする．すなわち，

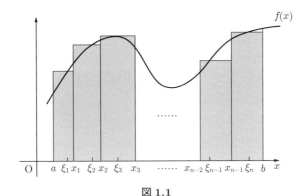

図 1.1

$$^{\forall}x \in [a,b], \ ^{\exists}m \le f(x) \le {}^{\exists}M \tag{1.2}$$

とする．次のように $f(x)$ を棒グラフで近似する．まず区間 $[a,b]$ を細かく分割する．

$$a = x_0 < x_1 < x_2 < \cdots < x_n = b$$

とし，$[a,b]$ を小区間 $[x_0, x_1]$, $[x_1, x_2]$, $\cdots$, $[x_{n-1}, x_n]$ に分割する．この分割に名前をつけて，Δ とよぶ．

$$|\Delta| := \max\{x_i - x_{i-1}|\, i = 1, 2, \cdots, n\}$$

を「Δ の大きさ」とよぶ．$|\Delta|$ は分割の小区間の長さの最大値である．各小区間 $[x_{i-1}, x_i]$ を底辺とする長方形をつくる．長方形の高さを，ある $\xi_i \in [x_{i-1}, x_i]$ での $f(\xi_i)$ とする．このとき分割 Δ を決めても棒グラフの高さは ξ_i の選び方で異なる．ξ_i は「代表点」とよばれる．

$\xi = (\xi_1, \xi_2, \xi_3, \cdots, \xi_n)$ は代表点のとり方を表す．分割 Δ と代表点のとり方 ξ が定まると，棒グラフが定まり，その面積は長方形の面積の和

$$I(\Delta, \xi) := \sum_{i=1}^{n} f(\xi_i)(x_i - x_{i-1}) \tag{1.3}$$

で与えられ，「リーマン (Riemann) 和」とよばれる．$|\Delta| \to 0$ となるように分割点 x_n を増やしていく．このとき，代表点のとり方 ξ によらずに，ある α に

対して，

$$I(\Delta, \xi) \to \alpha$$

となるとき，$f(x)$ は $[a, b]$ で「リーマン (Riemann) 積分可能」であるといい，α を $f(x)$ の $[a, b]$ での「定積分」

$$\int_a^b f(x)dx$$

という．すなわち

$$\int_a^b f(x)dx := \lim_{|\Delta| \to 0} I(\Delta, \xi) \tag{1.4}$$

である．

例 1.1　黒板に数直線上の区間 $[0, a]$ を書いて，この区間 $[0, a]$ に向かって，ダーツを投げることを考える．ダーツは必ず $[0, a]$ のある一点に命中するものとする．つまり $[0, a]$ のある一点に命中する確率は 1 であるとする．ここでダーツの先端は点であるとするのでダーツは一点にのみ命中するとする．$\left[0, \dfrac{a}{2}\right]$ の中の一点に命中する確率は $\dfrac{1}{2}$ であり，$\left[\dfrac{a}{5}, \dfrac{4}{5}a\right]$ の一点に命中する確率は $\dfrac{3}{5}$ である．

　では，$[0, a]$ の中の有理数に命中する確率はいくらだろうか．そのためには $[0, a] \cap \mathbb{Q}$ の長さがわかればよい．さらに，$[0, a]$ の中の有理数に命中すれば 3 点，無理数に命中すれば 1 点とするとき，期待値を求めようとすると，(1.1) に対して，$\displaystyle\int_0^a f(x)dx$ がわからなくてはならない．しかし，(1.1) はリーマン積分可能ではない．　◇

　リーマン積分可能であるためには，x 軸上の積分区間を分割するとき，分割を細かくしていくと，分割された各小区間で，関数の上限と下限の差を小さくしていくことができるということがポイントになっている．

1.2 ルベーグ積分の基本的な発想

> まず棒グラフの高さを最初に決めてみる．つまり，リーマン積分では定義域である x 軸上の積分区間を分割したが，ルベーグ (Lebesgue) 積分では，値域である y 軸を分割して「棒グラフ」をつくる．ただしここでいう「棒グラフ」を構成する「長方形」の底辺は区間とは限らない．

　ルベーグ積分は非有界な関数に対しても適用されるが，ここでは $f(x)$ を有界として説明する．
　$[a,b]$ 上で $y = f(x)$ は

$$\exists m, M > 0 ;\ {}^{\forall}x \in [a,b],\ m \le f(x) \le M$$

であるとする．y 軸上の区間 $[m, M)$ を次のように分割する．

$$[m, M) = [y_0, y_1) \cup [y_1, y_2) \cup \cdots \cup [y_{n-1}, y_n)$$
$$y_0 = m, \qquad y_n = M \tag{1.5}$$

このとき，

$$A_i = \{x \in [a,b] \mid f(x) \in [y_{i-1}, y_i)\}$$

とすると，A_i $(i = 1, 2, \cdots, n)$ は互いに交わらず，各 A_i の和集合は $[a,b]$ となる．$f(x)$ が連続関数ならば，各 A_i は区間の和集合となる．
　A_i の「長さ」を $\mu(A_i)$ と書くと，

$$\mu(A_1) + \mu(A_2) + \cdots + \mu(A_n) = b - a$$

となるものとする．棒グラフの代表的な高さ $h_i \in [y_{i-1}, y_i)$ を任意に選び，代表的な高さのとり方 $h = (h_1, h_2, \cdots, h_n)$ とする．$[m, M)$ の分割 (1.5) を Δ とし，

$$|\Delta| = \max\{y_1 - y_0,\ y_2 - y_1, \cdots,\ y_n - y_{n-1}\}$$

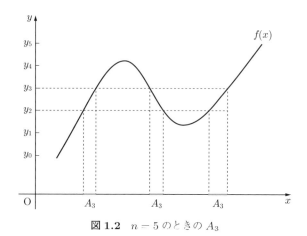

図 1.2 $n = 5$ のときの A_3

とする.

$$L(\Delta, h) := \sum_{i=1}^{n} h_i \mu(A_i) \tag{1.6}$$

とすると，$L(\Delta, h)$ は「$[a, b]$ における $f(x)$ の面積」を近似するものと考える[*1]. このとき，

$$\lim_{|\Delta| \to 0} L(\Delta, h) \tag{1.7}$$

によって，積分を考えることができる[*2].

(1.1) に対して，

$$\lim_{|\Delta| \to 0} L(\Delta, h) = 1 \cdot \mu([a, b] \cap \mathbb{Q}^c) + 3 \cdot \mu([a, b] \cap \mathbb{Q})$$

となる.

　「長方形の面積は（底辺の長さ × 高さ）である」ということが面積の基本概念になっている. 長方形の面積は底辺の長さと高さとの積だが，底辺が区間で

[*1]　$L(\Delta, h)$ はリーマン和に対する「ルベーグ (Lebesgue) 和」ともいえるものだが，後述の単関数の積分になっている. ルベーグ積分の基本的想については第 6 章でより詳しく説明する.

[*2]　ただし後述の定義 8.2 は (1.7) とは異なる. 定義 8.2 と (1.7) との関連性が [3] で述べられている.

ないとき，もはや長方形とはよべないだろうが，それでも底辺の長さと高さとの積で図形の面積を与えることはできるだろう．

あらゆる $f(x)$ に対して，$\mu(A_i)$ $(i = 1, 2, \cdots, n)$ を定めることはできるのか，そして (1.7) の極限は存在するのか？

$$g(x) = \begin{cases} x^2, & x \in \mathbb{Q} \\ x^3, & x \notin \mathbb{Q} \end{cases} \tag{1.8}$$

ではどうだろう．x 軸上の区間 $[0,1]$ での積分を考えるために y 軸上の区間 $[0,1]$ を分割するが，逆像は区間とはならない[*3].

1.3 「長さ」とは何だろう

(1.6) を考えるためには，区間ではない集合に対して，「長さ」を定義しなければならない．たとえば，数直線上の集合

$$A_0 = \left\{ 1, \frac{1}{2}, \frac{1}{3}, \cdots, \frac{1}{n}, \cdots \right\} \tag{1.9}$$

の長さはどうなるのだろう．A_0 は正の長さをもつだろうか．長さをどのように測ればよいだろう．

一般に部分集合 $A \subset \mathbb{R}$ は区間とは限らないし，開集合，閉集合とも限らない．そういう A の長さを考えるとき，一体，長さとは何だろうという問題を考えたくなる．すると，長さとは少なくとも $\mathbb{R}$ の部分集合に対してある非負の数値を対応させる写像の 1 つであるといえる．その写像を μ とよぶことにしよう．μ は次のような事柄を満足しなければならないだろう．

(1) 空集合の長さは 0．どんな集合 A も長さは負にならない．

$$\mu(\emptyset) = 0, \quad {}^{\forall}A \subset \mathbb{R},\ \mu(A) \geq 0 \tag{1.10}$$

[*3] 例 5.3 で考察する．

(2) $A \subset B$ ならば A の長さは B の長さ以下になる.

$$A \subset B \implies \mu(A) \leq \mu(B) \tag{1.11}$$

(3)   一般に 2 つの集合 A と B は交わるかもしれないので, $A \cup B$ の長さは A の長さと B の長さの和より長くならない.

$$\mu(A \cup B) \leq \mu(A) + \mu(B) \tag{1.12}$$

さらに (1.12) のより強い性質として,

$$\mu(A_1 \cup A_2 \cup \cdots) \leq \mu(A_1) + \mu(A_2) + \cdots \tag{1.13}$$

(4) A と B が交わらなければ, $A \cup B$ の長さは A の長さと B の長さの和に等しい.

$$A \cap B = \emptyset \implies \mu(A \cup B) = \mu(A) + \mu(B) \tag{1.14}$$

さらに (1.14) のより強い性質として, $A_i \cap A_j = \emptyset \ (i \neq j)$ に対して,

$$\mu(A_1 \cup A_2 \cup \cdots) = \mu(A_1) + \mu(A_2) + \cdots \tag{1.15}$$

(5) $A = (a, b]$ のときは

$$\mu(A) = b - a \tag{1.16}$$

(6)   集合を数直線上平行移動しても長さは変化しない. すなわち, 集合 A, $\alpha \in \mathbb{R}$ に対して, $A_\alpha = \{x + \alpha \mid x \in A\}$ とするとき,

$$\mu(A_\alpha) = \mu(A) \tag{1.17}$$

　上記 (1)〜(6) をみたす μ をどのように発見していけばよいだろうか. 長さの概念が区間に対してしか考えられてこなかった状況で, 新たに区間以外の集合まで長さの概念を適用しようとするとき, 従来の「区間 $(a, b]$ の長さは $b - a$」を利用していくしかない.

　なお (1.14) の例として,

$$\mu((0,1]) = \mu((0,1] \cap \mathbb{Q}) + \mu((0,1] \cap \mathbb{Q}^c)$$

がある. (1.16) を使うと, $[0,1]$ の有理数だけの長さと無理数だけの長さを別々に計測して, その和をとると 1 になるはずである.

μ を定義する前に成り立ってしまうこと

次章以降, μ を上記 (1)〜(6) をみたすように定義していくが, μ が (1)〜(6) をみたすならば, μ をどのように定義しようとも, 次の事柄をみたすこととなる. つまり (1)〜(6) は「長さ」の概念の本質的な性質であるが, μ がそれらをみたすならば, 以下の事柄は自動的に成り立ってしまう.

(1) 一点からなる集合の長さは 0, すなわち,

$$^\forall a \in \mathbb{R}, \ \mu(\{a\}) = 0$$

を示す. 実際, $(1.10), (1.11), (1.16)$ が成り立つとき, $\{a\} \subset \left(a - \dfrac{1}{n}, a + \dfrac{1}{n}\right]$ より,

$$0 \leq \mu(\{a\}) \leq \mu\left(\left(a - \frac{1}{n}, a + \frac{1}{n}\right]\right) = \frac{2}{n}$$

よって, $n \to \infty$ とすると, はさみうちの定理より $\mu(\{a\}) = 0$.

(2) 有限個の点からなる集合の長さは 0.

$A = \{a_1, a_2, \cdots, a_m\}$ に対して, $\mu(A) = 0$ を示す.

$$I_k = \left(a_k - \frac{1}{n}, a_k + \frac{1}{n}\right] \tag{1.18}$$

とすると,

$$A \subset I_1 \cup I_2 \cup \cdots \cup I_m$$

であるから, (1.12) が成り立つとき

$$0 \leq \mu(A) \leq \mu(I_1) + \mu(I_2) + \cdots + \mu(I_m) = \frac{2m}{n} \tag{1.19}$$

よって, $n \to \infty$ とすると, $\mu(A) = 0$.

(3) 可算無限個の点集合の長さは 0.

$A = \{a_1, a_2, \cdots, a_n, \cdots\}$ に対して，$\mu(A) = 0$ を示す．ここでは，(1.19) で $m \to \infty$ とすることはできない．$\varepsilon > 0$ に対して，

$$J_k = \left(a_k - \frac{\varepsilon}{2^k}, a_k + \frac{\varepsilon}{2^k} \right] \tag{1.20}$$

とする．つまり k が大きくなるほど，J_k の長さを小さくする．(1.13) が成り立つとき，

$$
\begin{aligned}
0 &\le \mu(A) \\
&\le \mu(J_1) + \mu(J_2) + \cdots \\
&= 2\varepsilon \left(\frac{1}{2} + \frac{1}{2^2} + \frac{1}{2^3} + \cdots \right) \\
&= 2\varepsilon
\end{aligned}
$$

$\varepsilon \to 0$ とすると，$\mu(A) = 0$ となる．

(4) $\mathbb{Q}$ は可算無限個なので $\mu(\mathbb{Q}) = 0$.

(1)〜(4) は長さが 0 になるものであり，はさみうちの定理を使っている．

次章で外測度を定義していくが，外測度の定義は非常に複雑なので，まず次のことを考えておきたい．

$\boxed{\textbf{例 1.2}}$ 有界閉区間の集まり

$$X = \{[a, b] \mid a, b \in \mathbb{R},\ a < b\}$$

の部分集合 $A \subset X$ に対して，

$$L_A = \{\mu([a, b]) \in \mathbb{R} \mid [a, b] \in A\} = \{b - a \mid [a, b] \in A\} \tag{1.21}$$

とすると，$L_A \subset \mathbb{R}$ であり，$\inf L_A \ge 0$.

(1) $$A = \{[a, b] \in X \mid a, b \in \mathbb{Q},\ a < \sqrt{2},\ b > \sqrt{3}\}$$

に対して，$\inf L_A \ge \sqrt{3} - \sqrt{2}$ であり，

$$\exists a_n, \exists b_n \in \mathbb{Q}\ ;\ [a_n, b_n] \in A,\ a_n \to \sqrt{2} - 0,\ b_n \to \sqrt{3} + 0$$

であるから，$\inf L_A = \sqrt{3} - \sqrt{2}.$

(2)　ある部分集合 $B \subset X$ に対して，$\inf L_B = 3$ とする．このとき，

$$^\forall \varepsilon > 0,\ \exists [a,b] \in B\ ;\ 3 \leq b - a < 3 + \varepsilon$$

であるから，有界閉区間列 $[a_n, b_n] \in B\ (n = 1, 2, \cdots)$ で

$$3 \leq b_n - a_n < 3 + \frac{1}{n} \tag{1.22}$$

をみたすものが存在する．　◇

第2章

ルベーグ外測度

　従来，長さは区間に対してのみ定義されてきたが，区間以外の集合に対しても「長さ」を定義したい.「長さ」は区間族という集合族上で定義された非負実数値関数であるが，この定義域を拡張したい.そのために，区間族上での長さのもつ特性を利用することで，拡張された定義域上で非負実数値関数の「長さ」というべき特性が保存されるか，ということを考察する.後に非負実数値関数の定義域を拡張する作業自体を一般化することを考えるが，ここでは後述の手法と同様の手法で「長さ」の概念を一般化する.

2.1　従来の長さが定義される集合族

　$\mathbb{R}$ の部分集合からなる集合族上の実数値（または複素数値）関数を集合関数という.

定義 2.1　(1)　$a < b$ である $\forall a, \forall b \in \mathbb{R}$ に対して，

$$(-\infty, b], \ (a, b], \ (a, \infty), \ (-\infty, \infty), \ \emptyset$$

を単に区間とよぶ.

　区間 $I = (a, b]$ に対して，

$$|I| = b - a$$

とする．$|I|$ は $I = (a, b]$ の長さを表す.

$$|(-\infty, b]|, |(a, \infty)|, |(-\infty, \infty)| = \infty, \quad |\emptyset| = 0$$

とする．$(-\infty, a), (a, b), (a, \infty)$ を開区間，$(-\infty, a], [a, b], [a, \infty)$ を閉区間とよぶ.

(2) $\mathcal{I}$ をあらゆる区間の集まりとし，区間族とよぶ.

$$\mathcal{I} := \{(-\infty, a] \mid a \in \mathbb{R}\} \cup \{(a, b] \mid a, b \in \mathbb{R}\} \cup \{(a, \infty) \mid a \in \mathbb{R}\}$$
$$\cup (-\infty, \infty) \cup \emptyset$$

(3) 有限個の互いに交わらない区間の和集合による集合族を $\mathcal{F}$ と書く．すなわち，

$$J \in \mathcal{F}$$
$$\iff$$
$$\exists I_1, I_2, \cdots, I_m \in \mathcal{I} ;$$
$$J = I_1 \cup I_2 \cup \cdots \cup I_m \ \land \ I_i \cap I_j = \emptyset \ (i \neq j) \tag{2.1}$$

$\mathcal{F}$ に対して，

$$\emptyset \in \mathcal{F},$$
$$J \in \mathcal{F} \implies J^c \in \mathcal{F}, \tag{2.2}$$
$$J_1, J_2 \in \mathcal{F} \implies J_1 \cup J_2 \in \mathcal{F}$$

および

$$J_1, J_2 \in \mathcal{F} \implies J_1 \cap J_2 \in \mathcal{F} \tag{2.3}$$

が成り立つ．(2.2) の性質をもつ集合族を一般に有限加法族という（定義 12.4）．集合族上で定義される関数を集合関数という．(2.1) の $J \in \mathcal{F}$ に対して，

$$|J| := |I_1| + \cdots + |I_m|$$

は $\mathcal{F}$ 上の集合関数で,

$$|\emptyset| = 0,$$
$$^\forall J \in \mathcal{F},\ 0 \le |J| \le \infty, \tag{2.4}$$
$$^\forall J_1,\, ^\forall J_2 \in \mathcal{F},\ J_1 \cap J_2 = \emptyset \implies |J_1 \cup J_2| = |J_1| + |J_2|$$

をみたす. (2.4) の性質をもつ集合関数を一般に有限加法的測度という (定義 12.5).

　　長さの概念を拡張したい.
(1)　従来の長さを拡張した集合関数は,あらゆる部分集合からなる集合族 $2^{\mathbb{R}}$ で定義されず,$\mathcal{F}$ を含むある集合族上で定義される. その集合族は少なくとも有限加法族でなくてはならない.
(2)　従来の長さを拡張した集合関数は,少なくとも有限加法的測度でなくてはならない.

——————————————————————————————————— **無限大について**

定義 2.2　$-\infty,\ +\infty$ は実数に準ずるものとし,

$$\bar{\mathbb{R}} = \mathbb{R} \cup \{-\infty, +\infty\} \tag{2.5}$$

と表す.
(1)　$x \in \bar{\mathbb{R}}$ が $x = +\infty$ であるとは,

$$^\forall a \in \mathbb{R},\ x > a \tag{2.6}$$

であるとする. $A \subset \bar{\mathbb{R}}$ が上に非有界であるとき,$\sup A = +\infty$ と書き,$+\infty$ を A の上限という.

$$[a, \infty] = \{x \in \bar{\mathbb{R}} \mid a \leq x \leq +\infty\},$$
$$(a, \infty] = \{x \in \bar{\mathbb{R}} \mid a < x \leq +\infty\}$$

と表す.

(2) $x \in \bar{\mathbb{R}}$ が $x = -\infty$ であるとは,

$$^{\forall}a \in \mathbb{R}, \ x < a \tag{2.7}$$

であるとする. $A \subset \bar{\mathbb{R}}$ が下に非有界であるとき, $\sup A = -\infty$ と書き, $-\infty$ を A の下限という.

$$[-\infty, a] = \{x \in \bar{\mathbb{R}} \mid -\infty \leq x \leq a\},$$
$$[-\infty, a) = \{x \in \bar{\mathbb{R}} \mid -\infty \leq x < a\}$$

と表す.

2.2 ルベーグ外測度の定義

第 1 章で考えた μ を定義するために,まずルベーグ (Lebesgue) 外測度 μ^* というものを定義していきたい.ルベーグ外測度は $2^{\mathbb{R}}$ で定義される集合関数である.

なお,

$$2^{\mathbb{R}} := \{A \mid A \subset \mathbb{R}\}$$

である.

定義 2.3 (1) $I_n \in \mathcal{I}$ のとき,$\{I_n\}_{n=1,2,\cdots}$ を区間列とよび,高々可算個の区間の和集合

$$\bigcup_{n=1}^{\infty} I_n = I_1 \cup I_2 \cup \cdots$$

を区間和とよぶ.

(2) 区間和の集まり

$$\mathbb{U} := \left\{ \mathbf{I} = \bigcup_{n=1}^{\infty} I_n \in 2^{\mathbb{R}} \mid I_n \in \mathcal{I} \right\}$$

を区間和族とよぶ.

(3) $\mathbf{I} = \displaystyle\bigcup_{n=1}^{\infty} I_n \in \mathbb{U}$ に対して,

$$\ell(\mathbf{I}) = \ell\left(\bigcup_{n=1}^{\infty} I_n \right) := |I_1| + |I_2| + |I_3| + \cdots \tag{2.8}$$

を区間和 $\mathbf{I}$ の大きさとよぶ.

定義 2.4 (1) 集合 $A \subset \mathbb{R}$ に対して, $I_n \in \mathcal{I}$ $(n = 1, 2, \cdots)$ が,

$$A \subset I_1 \cup I_2 \cup I_3 \cup \cdots$$

となるとき, 区間和 $\displaystyle\bigcup_{n=1}^{\infty} I_n$ を A の covering (カヴァリング) または被覆とよぶ.

(2) A のあらゆる covering からなる集合族を A の covering 族 (カヴァリング族) または被覆族とよび, $\mathbb{U}_A$ と書く.

$$\mathbb{U}_A := \left\{ \mathbf{I} = \bigcup_{n=1}^{\infty} I_n \in \mathbb{U} \mid A \subset \mathbf{I} \right\}$$

(3) $\mathbf{I} = \displaystyle\bigcup_{n=1}^{\infty} I_n$ が A の covering であるとき, 区間和の大きさ (2.8) を特に covering $\mathbf{I} = \displaystyle\bigcup_{n=1}^{\infty} I_n$ の大きさとよぶ.

(4) $A \subset \mathbb{R}$ に対して

$$M_A = \left\{ \ell(\mathbf{I}) \in [0, \infty] \mid \mathbf{I} = \bigcup_{n=1}^{\infty} I_n \in \mathbb{U}_A \right\} \tag{2.9}$$

を A の covering の大きさの集合とよぶ[*1].

(5) このとき

[*1] わかりづらければ, M_A を (1.21) の L_A に対応させて考えてみるとよい.

$$\mu^*(A) := \inf M_A \tag{2.10}$$

を A の 1 次元ルベーグ (Lebesgue) 外測度という．よって集合 $A \subset \mathbb{R}$ に対して，

$$\mu^*(A) = \inf_{\bigcup_{n=1}^\infty I_n \in \mathbb{U}_A} \ell\left(\bigcup_{n=1}^\infty I_n\right) \tag{2.11}$$

と書くことができる．

　連続性の公理により，任意の集合 A に対して $\mu^*(A)$ は必ず定まることとなる．

例 2.1　(1.18) の I_k に対して $\ell\left(\bigcup_{n=1}^m I_n\right) = \dfrac{2m}{n}$ である．(1.20) の J_k に対して $\ell\left(\bigcup_{n=1}^\infty J_n\right) = 2\varepsilon$ である．◇

　以下では 1 次元ルベーグ外測度を単にルベーグ外測度または外測度とよぶ[*2]．

外測度の言葉による説明

　例 1.1 では確率を $[0,a]$ 内の集合の長さによって与えることを考えた．A をたとえば $[0,a]$ 内の無理数からなる非可算部分集合であるとして考えてみよう．区間和 $\bigcup_{n=1}^\infty I_n$ を A の covering とすると，$\bigcup_{n=1}^\infty I_n$ は有理数も同時に含むので，$\ell\left(\bigcup_{n=1}^\infty I_n\right)$ は A の本来定義されるべき長さより大きいと考えられる．ありとあらゆる covering の中で，より大きさの小さいものを探していき，その大きさの下限を $\mu^*(A)$ とする[*3]．

　[*2]　第 12 章ではユークリッド (Euclid) 空間とは限らない空間で外測度を定義する．ルベーグ外測度は外測度の 1 つである．

　[*3]　$\mu^*(A)$ は A の本来定義されるべき長さより大きいかもしれないという問題は残る．

一般に，集合 $E \subset \mathbb{R}$ に対して $\alpha = \inf E$ であるとは

$$^{\forall}x \in E,\ x \geq \alpha$$

$$^{\forall}\varepsilon > 0,\ \exists x_0 \in E\ ;\ \alpha \leq x_0 \leq \alpha + \varepsilon$$

ということなので $\alpha = \mu^*(A) = \inf M_A$ であるとき，$^{\forall}\mathbf{I} \in \mathbb{U}_A,\ \ell(\mathbf{I}) \geq \alpha$ であり，(2.10) より

$$^{\forall}\varepsilon > 0,\ \exists m \in M_A\ ;\ \alpha \leq m < \alpha + \varepsilon$$

すなわち

$$^{\forall}\varepsilon > 0,\ \exists \mathbf{I} = \bigcup_{n=1}^{\infty} I_n \in \mathbb{U}_A\ ; \tag{2.12}$$

$$\alpha \leq \ell(\mathbf{I}) = m < \alpha + \varepsilon$$

ここで $\varepsilon = \dfrac{1}{k}\ (k \in \mathbb{N})$ とすると，

命題 2.1　集合 $A \subset \mathbb{R}$ に対して $\alpha = \mu^*(A)$ であるとき，

$$^{\forall}\mathbf{I} \in \mathbb{U}_A,\ \ell(\mathbf{I}) \geq \alpha$$

$$^{\forall}k \in \mathbb{N},\ \exists \mathbf{I}_k \in \mathbb{U}_A\ ;\ \alpha \leq \ell(\mathbf{I}_k) \leq \alpha + \frac{1}{k} \tag{2.13}$$

$\mu^*(A) = \alpha$ であるとき，どんな covering もその大きさは α 以上であり，しかも大きさがだんだん小さくなって，α に近づくような covering の列 (2.13) がとれることになる．

2.3　ルベーグ外測度の性質

この μ^* は長さの性質 (1.10)～(1.17) をもっているだろうか．区間に対して長さの性質 (1.10)～(1.17) が成り立つことを用いて，一般の集合に対して μ^* の長さの性質を調べる．

定理 2.1　(1)
$$\mu^*(\emptyset) = 0,$$
$$^\forall A \in 2^{\mathbb{R}}, \ \mu^*(A) \geq 0$$

(2)
$$A \subset B \implies \mu^*(A) \leq \mu^*(B)$$

証明　(1) は明らか.

(2) $\mathbf{I} \in \mathbb{U}_B$ であるとき, $A \subset B \subset \mathbf{I}$ であるから, B の covering は A の covering にもなっている, つまり

$$\mathbf{I} \in \mathbb{U}_B \implies \mathbf{I} \in \mathbb{U}_A$$

すなわち

$$\mathbb{U}_B \subset \mathbb{U}_A \tag{2.14}$$

よって $M_B \subset M_A$ であるから[*4]

$$\inf M_A \leq \inf M_B$$

すなわち $\mu^*(A) \leq \mu^*(B)$.　∎

　一般に集合 A, B は互いに素とは限らないので,

定理 2.2　(1)　$\mu^*(A \cup B) \leq \mu^*(A) + \mu^*(B)$

(2)　$\mu^*(A_1 \cup A_2 \cup \cdots) \leq \mu^*(A_1) + \mu^*(A_2) + \cdots$

証明　(1)　(2.13) より,

$$^\forall k \in \mathbb{N}, \ \exists \mathbf{I}_k \in \mathbb{U}_A, \ \exists \mathbf{J}_k \in \mathbb{U}_B \ ;$$
$$\mu^*(A) \leq \ell(\mathbf{I}_k) < \mu^*(A) + \frac{1}{k} \tag{2.15}$$
$$\mu^*(B) \leq \ell(\mathbf{J}_k) < \mu^*(B) + \frac{1}{k}$$

ここで, $\mathbf{I}_k \cup \mathbf{J}_k \in \mathbb{U}_{A \cup B}$ なので[*5],

---

[*4]　$\alpha \in M_B$ に対して, $\exists \mathbf{I} = \bigcup_{n=1}^{\infty} I_n \in \mathbb{U}_B \ ; \ \alpha = \ell(\mathbf{I})$ であるから, (2.14) より, $\mathbf{I} \in \mathbb{U}_A$, すなわち $\alpha \in M_A$.

[*5]　番号を打ち直すことで, $\mathbf{I}_k \cup \mathbf{J}_k = \left(\bigcup_{n=1}^{\infty} I_{k,n} \right) \cup \left(\bigcup_{n=1}^{\infty} J_{k,n} \right) =$

$$\mu^*(A \cup B) \le \ell(\mathbf{I}_k) + \ell(\mathbf{J}_k)$$

$$< \mu^*(A) + \mu^*(B) + \frac{2}{k}$$

最後に $k \to \infty$ とすればよい[*6].

(2)　(2.15) の代わりに，各 $A_j (j = 1, 2, \cdots)$ に対して，

$$^\forall k \in \mathbb{N}, \ \exists \mathbf{I}_{j,k} \in \mathbb{U}_{A_j} ;$$

$$\mu^*(A_j) \le \ell(\mathbf{I}_{j,k}) < \mu^*(A_j) + \frac{1}{k} \cdot \frac{1}{2^j}$$

とすることができる．(1) と同様に

$$\mathbf{I}_{1,k} \cup \mathbf{I}_{2,k} \cup \cdots \in \mathbb{U}_{A_1 \cup A_2 \cup \cdots}$$

よって，

$$\mu^*(A_1 \cup A_2 \cup \cdots) \le \sum_{j=1}^{\infty} \ell(\mathbf{I}_{j,k})$$

$$< \sum_{j=1}^{\infty} \mu^*(A_j) + \frac{1}{k} \sum_{j=1}^{\infty} \frac{1}{2^j}$$

$\displaystyle\sum_{j=1}^{\infty} \frac{1}{2^j} = 1$ より，$k \to \infty$ とすればよい．∎

　「長さ」という集合関数を $\mathcal{I}, \mathcal{F}$ より大きな集合族に拡張したいのだから，外測度は当然 $\mathcal{I}, \mathcal{F}$ で従来の長さに一致しなければならない．

> **定理 2.3**　$a < b$ である $^\forall a, {}^\forall b \in \mathbb{R}$ に対して，
>
> (1)　　　　　　　　　　$\mu^*([a, b]) = b - a$
>
> (2)　　　　　　　　　　$\mu^*((a, b]) = b - a$　　　　　　　　(2.16)

証明　(1)　$I = (a, b]$, $\bar{I} = [a, b]$ と書くことにする．

$\displaystyle\bigcup_{n=1}^{\infty} K_{k,n}, \ K_{k,n} \in \mathcal{I}$ とできる．

[*6]　大きさがだんだん小さくなって，$\mu^*(A)$ に近づくような A の covering の列 $\mathbf{I}_k$ と，大きさがだんだん小さくなって，$\mu^*(B)$ に近づくような B の covering の列 $\mathbf{J}_k$ がとれる．ここで $\mathbf{I}_k \cup \mathbf{J}_k$ は $A \cup B$ の covering の列になっている．

ステップ 1 $\mu^*(\bar{I}) \leq b - a$ を示す.

$^\forall \varepsilon > 0$ に対して, $\bar{I} \subset (a - \varepsilon, b]$ であるから,

$$\mu^*(\bar{I}) \leq |(a - \varepsilon, b]| = b - a + \varepsilon$$

よって $\mu^*(\bar{I}) \leq b - a$.

ステップ 2 $\mu^*(\bar{I}) \geq b - a$ を示す.

そのために $I_n = (a_n, b_n]$ に対して,

$$\bigcup_{n=1}^{\infty} I_n \in \mathbb{U}_{\bar{I}} \implies \ell\left(\bigcup_{n=1}^{\infty} I_n\right) \geq b - a$$

であることを示す.

(i) $^\forall \varepsilon > 0$ に対して,

$$J_n := (a_n, b'_n), \qquad b'_n = b_n + \frac{\varepsilon}{2^n}$$

とする. $I_n \subset J_n$ であり, $\displaystyle\bigcup_{n=1}^{\infty} I_n \in \mathbb{U}_{\bar{I}}$ のとき, $\{J_n\}$ は I を覆っている. ここで,

$$\begin{aligned}
\ell\left(\bigcup_{n=1}^{\infty} I_n\right) &= \sum_{n=1}^{\infty}(b_n - a_n) \\
&= \sum_{n=1}^{\infty}\left(b'_n - \frac{\varepsilon}{2^n} - a_n\right) \\
&= -\varepsilon + \sum_{n=1}^{\infty}|J_n|
\end{aligned}$$

(ii) $\displaystyle\sum_{n=1}^{\infty}|J_n| > b - a$ を示す.

$\bar{I}$ はコンパクトなので, ハイネ・ボレル (Heine-Borel) の定理より, $\{J_n\}$ の中から有限個を選び, 必要に応じて番号を打ち直し,

$$\bar{I} \subset J_1 \cup \cdots \cup J_{n_0}$$

とできる. さらに $J_1, \cdots, J_{n_0}$ の中から選び, 必要に応じて番号を打ち直し, ある $1 \leq m \leq n_0$ に対して,

$$a_2 \in J_1, \quad a_3 \in J_2, \quad \cdots, \quad a_m \in J_{m-1}$$

とできるので,

$$a_2 < b_1', \quad a_3 < b_2', \quad \cdots, \quad a_m < b_{m-1}'$$

とできる[*7].

$$\sum_{n=1}^{\infty} |J_n| \geq \sum_{n=1}^{m} |J_n|$$
$$= (b_1' - a_1) + (b_2' - a_2) + \cdots + (b_m' - a_m)$$
$$= -a_1 + (b_1' - a_2) + (b_2' - a_3) + \cdots + (b_{m-1}' - a_m) + b_m'$$
$$> b_m' - a_1$$

ここで $a_1 < a < b < b_m'$ であるから $b_m' - a_1 > b - a$.

よって

$$\ell \left(\bigcup_{n=1}^{\infty} I_n \right) > -\varepsilon + (b - a)$$

(2)　十分小さな $\varepsilon > 0$ に対して,

$$[a + \varepsilon, b - \varepsilon] \subset (a, b) \subset [a - \varepsilon, b + \varepsilon]$$

であるから,

$$b - a - 2\varepsilon = \mu^*([a + \varepsilon, b - \varepsilon])$$
$$\leq \mu^*((a, b))$$
$$\leq \mu^*([a - \varepsilon, b + \varepsilon]) = b - a + 2\varepsilon \qquad ∎$$

集合を平行移動しても外測度は変化しない, すなわち,

定理 2.4　$A \in 2^{\mathbb{R}}, \alpha \in \mathbb{R}$ に対して $A_\alpha = \{x + \alpha \,|\, x \in A\}$ とする. このとき

[*7]　ここで $\bar{I} \subset J_1$ とできるときは $m = 1$ とする.

$$\mu^*(A_\alpha) = \mu^*(A)$$

証明 任意の A の covering $\displaystyle\bigcup_{n=1}^{\infty} I_n \in \mathbb{U}_A$ が $I_n = (a_n, b_n]$ であるときを考える[*8]. このとき,

$$\bigcup_{n=1}^{\infty} J_n \in \mathbb{U}_{A_\alpha}, \quad J_n = (a_n + \alpha, b_n + \alpha] \tag{2.17}$$

となる. つまり, A_α が A の平行移動になっているとき, A の covering の平行移動したものが A_α の covering になっていて, 平行移動によって $\mathbb{U}_A$ の要素と $\mathbb{U}_{A_\alpha}$ の要素は一対一対応になっている. そして, (2.17) より,

$$\ell\left(\bigcup_{n=1}^{\infty} I_n\right) = \ell\left(\bigcup_{n=1}^{\infty} J_n\right)$$

である[*9]. よって $M_A = M_{A_\alpha}$ であるから, $\mu^*(A) = \mu^*(A_\alpha)$. ∎

$\mathcal{F}$ での外測度の性質

従来の長さが定義される集合族 $\mathcal{F}$ においては, $A, B \in \mathcal{F}$ のとき,

$$A \cap B = \emptyset \implies \mu^*(A \cup B) = \mu^*(A) + \mu^*(B)$$

が成り立つことを示す.

定理 2.5 (1) $I_1, I_2, \cdots, I_k \in \mathcal{I}$, $I_i \cap I_j = \emptyset \ (i \neq j)$ に対して,

$$\mu^*(I_1 \cup I_2 \cup \cdots \cup I_k) = \mu^*(I_1) + \mu^*(I_2) + \cdots + \mu^*(I_k)$$

(2) $J_1, J_2 \in \mathcal{F}$ が $J_1 \cap J_2 = \emptyset$ であるとき,

$$\mu^*(J_1 \cup J_2) = \mu^*(J_1) + \mu^*(J_2)$$

証明 (1) 以下, $k = 2$ のとき, すなわち, $I_1, I_2 \in \mathcal{I}$, $I_1 \cap I_2 = \emptyset$ に対して,

---

[*8] ある n_0 に対して, $I_{n_0} = (-\infty, a], (a, \infty)$ となる場合も同様に議論される.

[*9] covering は平行移動しても大きさは変化しない.

$$\mu^*(I_1 \cup I_2) = \mu^*(I_1) + \mu^*(I_2)$$

を示せば十分. 定理 2.2, 定理 2.3 より,

$$\mu^*(I_1 \cup I_2) \geq |I_1| + |I_2|$$

を示せばよい. μ^* の定義より

$$^\forall \varepsilon > 0, \ \exists \bigcup_{n=1}^{\infty} J_n \in \mathbb{U}_{I_1 \cup I_2} \ ;$$

$$\mu^*(I_1 \cup I_2) \leq \ell \left(\bigcup_{n=1}^{\infty} J_n \right) \leq \mu^*(I_1 \cup I_2) + \varepsilon$$

以下

$$|I_1| + |I_2| \leq \ell \left(\bigcup_{n=1}^{\infty} J_n \right)$$

を示していく. $\tilde{I}_{1,n} := I_1 \cap J_n$ とおくと, $\tilde{I}_{1,n} \in \mathbb{U}$ で, $I_1 = \bigcup_{n=1}^{\infty} \tilde{I}_{1,n}.$ よって

$$\begin{aligned}
|I_1| &= \mu^*(I_1) \\
&= \mu^* \left(\bigcup_{n=1}^{\infty} \tilde{I}_{1,n} \right) \\
&\leq \sum_{n=1}^{\infty} \mu^*(\tilde{I}_{1,n}) = \sum_{n=1}^{\infty} |\tilde{I}_{1,n}|
\end{aligned}$$

I_2 についても同様のことがいえるので,

$$\begin{aligned}
|I_1| + |I_2| &\leq \sum_{n=1}^{\infty} |\tilde{I}_{1,n}| + \sum_{n=1}^{\infty} |\tilde{I}_{2,n}| \\
&= \sum_{n=1}^{\infty} (|\tilde{I}_{1,n}| + |\tilde{I}_{2,n}|)
\end{aligned} \tag{2.18}$$

ここで

$$\tilde{I}_{1,n} \cup \tilde{I}_{2,n} = (I_1 \cup I_2) \cap J_n \subset J_n$$

で $I_1 \cap I_2 = \emptyset$ より,

$$|\tilde{I}_{1,n}| + |\tilde{I}_{2,n}| \le |J_n|$$

よって,

$$|I_1| + |I_2| \le \sum_{n=1}^{\infty} |J_n| = \ell\left(\bigcup_{n=1}^{\infty} J_n\right)$$

(2) は (1) より明らか. ∎

第 3 章

ルベーグ可測集合

$A, B \in 2^{\mathbb{R}}$ に対して

$$A \cap B = \emptyset \implies \mu^*(A \cup B) = \mu^*(A) + \mu^*(B) \tag{3.1}$$

は成り立つであろうか. 実は $A \cap B = \emptyset$ であっても

$$\mu^*(A \cup B) < \mu^*(A) + \mu^*(B) \tag{3.2}$$

となってしまう可能性がある. (3.1) の反例が存在するならば, 外測度 $\mu^*(A), \mu^*(B)$ は定義できるのだが, それを A の長さ, B の長さとして信頼することができなくなる. そうなると, 写像 $\mu^* : 2^{\mathbb{R}} \longrightarrow \mathbb{R}_+$ 自身の信頼性も疑問視せざるを得なくなる. そして (3.1) の反例は存在する (命題 3.3).

3.1 ルベーグ可測集合の定義

例 3.1
$$I = (0, 1], \quad A = I \cap \mathbb{Q}, \quad B = I \cap \mathbb{Q}^c$$

とする. このとき, $A \cap B = \emptyset$, $A \cup B = I$ である.

$$\mu^*(I) = \mu^*(A) + \mu^*(B) \tag{3.3}$$

は正しく, 証明することができる. しかし, I, A, B それぞれの covering を考

えてみよう．I 自身 I の covering であり，定理 2.3 より，$\mu^*(I) = 1$ である．一方，任意の A の covering $\displaystyle\bigcup_{n=1}^{\infty} I_n \in \mathbb{U}_A$ は必ず無理数，すなわち B の要素をも覆っている．逆に任意の B の covering $\displaystyle\bigcup_{n=1}^{\infty} J_n \in \mathbb{U}_B$ は必ず有理数，すなわち A の要素をも覆う．このことから

$$\ell\left(\bigcup_{n=1}^{\infty} I_n\right) + \ell\left(\bigcup_{n=1}^{\infty} J_n\right) > 1 \tag{3.4}$$

となる可能性は十分に考えられる．しかし，実際に (3.3) が正しいことが証明されるので，A, B の covering の大きさを限りなく小さくしていけば，(3.4) の左辺は 1 に近づけることができることになる．すなわち，

$$^{\forall}k \in \mathbb{N},\ \exists \mathbf{I}_k \in \mathbb{U}_A,\ \exists \mathbf{J}_k \in \mathbb{U}_B\ ;$$

$$\ell(\mathbf{I}_k) + \ell(\mathbf{J}_k) \to 1 \quad (k \to \infty) \qquad\qquad \diamondsuit$$

───────────────────────── **μ^* が信頼できる集合族**

任意の集合 $C, E \subset \mathbb{R}$ に対して

$$C \cap E = A, \quad C \cap E^c = B$$

と書くことにすると

$$A \cup B = C, \quad A \cap B = \emptyset$$

であるから，(3.1) を考えることは

$$\mu^*(C) = \mu^*(C \cap E) + \mu^*(C \cap E^c) \tag{3.5}$$

が成り立つかどうか考えることになる．これは C を E に入る部分と E に入らない部分に分けても，C の外測度は変化しないことを意味する．

定義 3.1 任意の $C \in 2^{\mathbb{R}}$ に対して，(3.5) が成り立つとき，E をルベーグ (Lebesgue) 可測集合であるという．ルベーグ可測集合全体の集まりを $\mathcal{M}$ と

書く.

> (1)　E の可測性を調べるために, C をテスト集合として用い, あらゆる C に対して, C を E に入る部分と E に入らない部分に分けても, E が C の外測度を変化させないとき, E を可測であるというわけである.
>
> (2)　μ^* の定義域を $\mathcal{M}$ に制限することで μ^* の信頼性を保証することを目指す.

定理 2.2(1) が成り立つことより,

$$\mu^*(C) \geq \mu^*(C \cap E) + \mu^*(C \cap E^c) \tag{3.6}$$

が成り立つか調べることになる.

　以下ではルベーグ可測集合を単に可測集合とよぶ.

3.2　ルベーグ可測集合の例

定義 3.2　$\mu^*(A) = 0$ となる集合 A を零集合とよぶ. 零集合全体の集まりを $\mathcal{N}$ と書くことにする.

例 3.2　可算個の要素からなる集合 $\{a_1, a_2, \cdots\}$ は零集合.　◇

定理 3.1　零集合は可測である. すなわち $\mathcal{N} \subset \mathcal{M}$.

証明　E を零集合とする. すなわち $\mu^*(E) = 0$ とする. このとき, $^\forall C \in 2^{\mathbb{R}}$ に対して

$$0 \leq \mu^*(C \cap E) \leq \mu^*(E) = 0,$$
$$\mu^*(C \cap E^c) \leq \mu^*(C)$$

であるので, (3.6) が成り立つ.　■

命題 3.1　$a < b$ である $^\forall a, {}^\forall b \in \mathbb{R}$ に対して,

$$(-\infty, a), (a, \infty), (a, b), (a, b] \in \mathcal{M}$$

証明 $(a,\infty) \in \mathcal{M}$ を示す（$((-\infty,a),(a,b),(a,b] \in \mathcal{M}$ も同様に示される）.
$^\forall C \in 2^{\mathbb{R}}$ に対して,

$$\mu^*(C) \geq \mu^*(C \cap (a,\infty)) + \mu^*(C \cap (-\infty,a])$$

を示す.

$$^\forall \varepsilon > 0, \ \exists \bigcup_{n=1}^{\infty} I_n \in \mathbb{U}_C \ ;$$
$$\mu^*(C) \leq \ell\left(\bigcup_{n=1}^{\infty} I_n\right) < \mu^*(C) + \varepsilon$$

ここで

$$C \cap (a,\infty) \subset \bigcup_{n=1}^{\infty} (I_n \cap (a,\infty)),$$
$$C \cap (-\infty,a] \subset \bigcup_{n=1}^{\infty} (I_n \cap (-\infty,a]),$$
$$|I_n| = |I_n \cap (a,\infty)| + |I_n \cap (-\infty,a]|$$

であるから

$$\mu^*(C \cap (a,\infty)) + \mu^*(C \cap (-\infty,a])$$
$$\leq \sum_{n=1}^{\infty} |I_n \cap (a,\infty)| + \sum_{n=1}^{\infty} |I_n \cap (-\infty,a]|$$
$$= \sum_{n=1}^{\infty} |I_n| < \mu^*(C) + \varepsilon$$

　従来の長さが定義される集合は可測である，すなわち，

定理 3.2　　　　　　　　$\mathcal{F} \subset \mathcal{M}$
証明　　　　　　　　$E \in \mathcal{F} \implies E \in \mathcal{M}$

を示す. そのためには $^\forall E \in \mathcal{F}$ が (3.6) をみたすことを示せばよい. $^\forall C \in 2^{\mathbb{R}}$ に対して, 任意の C の covering $\bigcup_{n=1}^{\infty} I_n \in \mathbb{U}_C$ とする. このとき,

$$\ell\left(\bigcup_{n=1}^{\infty} I_n\right) \geq \mu^*(C \cap E) + \mu^*(C \cap E^c) \tag{3.7}$$

を示せば (3.6) が成り立つこととなる.

$$C \cap E \subset \left(\bigcup_{n=1}^{\infty} I_n\right) \cap E = \bigcup_{n=1}^{\infty} (I_n \cap E)$$

$$C \cap E^c \subset \bigcup_{n=1}^{\infty} (I_n \cap E^c)$$

となるので, 定理 2.2 より

$$\mu^*(C \cap E) \leq \mu^*\left(\bigcup_{n=1}^{\infty} (I_n \cap E)\right) \leq \sum_{n=1}^{\infty} \mu^*(I_n \cap E)$$

$$\mu^*(C \cap E^c) \leq \sum_{n=1}^{\infty} \mu^*(I_n \cap E^c) \tag{3.8}$$

一方, $I_n = (I_n \cap E) \cup (I_n \cap E^c)$ において,

$$I_n \cap E, \ I_n \cap E^c \in \mathcal{F}$$

であるから, 定理 2.5 を用いると

$$|I_n| = \mu^*(I_n \cap E) + \mu^*(I_n \cap E^c) \tag{3.9}$$

よって

$$\ell\left(\bigcup_{n=1}^{\infty} I_n\right) = \sum_{n=1}^{\infty} |I_n|$$

であるので, (3.8), (3.9) より, (3.7) は得られる. ■

3.3　ルベーグ可測集合の性質

命題 3.2　可測集合の補集合は可測である, すなわち

$$E \in \mathcal{M} \implies E^c \in \mathcal{M}$$

特に，零集合の補集合は可測である，すなわち

$$A \in \mathcal{N} \implies A^c \in \mathcal{M}$$

証明　これは $(E^c)^c = E$ より明らか．■

一般に，集合 A, B に対して，

$$A \setminus B := A \cap B^c$$

と表す．

定理 3.3　(1)　　$E_1, E_2 \in \mathcal{M}$

$$\implies E_1 \cap E_2 \in \mathcal{M},\ E_1 \setminus E_2 \in \mathcal{M}$$

(2)　$E_1, E_2, \cdots, E_n \in \mathcal{M}$ のとき

$$E_1 \cap E_2 \cap \cdots \cap E_n \in \mathcal{M},$$

$$E_1 \cup E_2 \cup \cdots \cup E_n \in \mathcal{M}$$

証明　(1)　$E_1 \in \mathcal{M}$ より $^\forall C \in 2^{\mathbb{R}}$ に対して

$$\mu^*(C) = \mu^*(C \cap E_1) + \mu^*(C \cap E_1{}^c) \tag{3.10}$$

$E_2 \in \mathcal{M}$ であるから，(3.5) の C として $C \cap E_1$ および $C \cap E_1{}^c$ を考えると，

$$\begin{aligned}
\mu^*(C \cap E_1) &= \mu^*((C \cap E_1) \cap E_2) + \mu^*((C \cap E_1) \cap E_2{}^c) \\
&=: \mu^*((C \cap E_1) \cap E_2) + \mu^*(A_1) \\
\mu^*(C \cap E_1{}^c) &= \mu^*((C \cap E_1{}^c) \cap E_2) + \mu^*((C \cap E_1{}^c) \cap E_2{}^c) \\
&=: \mu^*(A_2) + \mu^*(A_3)
\end{aligned} \tag{3.11}$$

ここで，

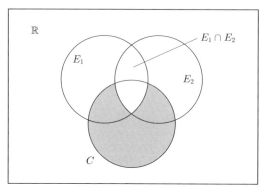

図 3.1

$$A_1 \cup A_2 \cup A_3$$

$$:= ((C \cap E_1) \cap E_2{}^c) \cup ((C \cap E_1{}^c) \cap E_2) \cup ((C \cap E_1{}^c) \cap E_2{}^c)$$

$$= (C \cap (E_1 \cap E_2{}^c)) \cup (C \cap (E_1{}^c \cap E_2)) \cup (C \cap (E_1{}^c \cap E_2{}^c)) \quad (3.12)$$

$$= C \cap [(E_1 \cap E_2{}^c) \cup (E_1{}^c \cap E_2) \cup (E_1{}^c \cap E_2{}^c)]$$

$$= C \cap (E_1 \cap E_2)^c$$

よって

$$\mu^*(A_1) + \mu^*(A_2) + \mu^*(A_3) \geq \mu^*(C \cap (E_1 \cap E_2)^c) \quad (3.13)$$

よって (3.10),(3.11),(3.13) より

$$\mu^*(C) \geq \mu^*(C \cap (E_1 \cap E_2)) + \mu^*(C \cap (E_1 \cap E_2)^c)$$

よって，$E_1 \cap E_2 \in \mathcal{M}$.

命題 3.2 より $E_2{}^c \in \mathcal{M}$ であるから $E_1 \setminus E_2 = E_1 \cap E_2{}^c \in \mathcal{M}$.

(2)　(1) より $\displaystyle\bigcap_{k=1}^{n} E_k \in \mathcal{M}$ であり，

$$\bigcup_{k=1}^{n} E_k = \left(\bigcap_{k=1}^{n} E_k{}^c\right)^c \in \mathcal{M} \qquad \blacksquare$$

定理 3.4 集合列 $\{E_n\}_{n=1,2,\cdots} \subset \mathcal{M}$ は互いに素，すなわち $E_i \cap E_j = \emptyset$ $(i \neq j)$ とする．このとき，

(1) $E_1 \cup E_2 \cup \cdots \cup E_n \cup \cdots \in \mathcal{M}$

(2) $\mu^*(E_1 \cup E_2 \cup \cdots) = \mu^*(E_1) + \mu^*(E_2) + \cdots$

が成り立つ．

証明　ステップ 1　定理の仮定の下で $^{\forall}C \in 2^{\mathbb{R}}$ に対して

$$\mu^*(C) \geq \sum_{n=1}^{\infty} \mu^*(C \cap E_n) + \mu^* \left(C \cap \left(\bigcup_{n=1}^{\infty} E_n \right)^c \right) \tag{3.14}$$

が証明されるとする（ステップ 2 で証明する）．このとき

$$C \cap \left(\bigcup_{n=1}^{\infty} E_n \right) = \bigcup_{n=1}^{\infty} (C \cap E_n)$$

より，

$$\mu^* \left(C \cap \left(\bigcup_{n=1}^{\infty} E_n \right) \right) \leq \sum_{n=1}^{\infty} \mu^*(C \cap E_n)$$

となる．よって，(3.14) が成り立つならば

$$\mu^*(C) \geq \mu^* \left(C \cap \left(\bigcup_{n=1}^{\infty} E_n \right) \right) + \mu^* \left(C \cap \left(\bigcup_{n=1}^{\infty} E_n \right)^c \right)$$

が成り立ち，$\displaystyle\bigcup_{n=1}^{\infty} E_n \in \mathcal{M}$ が得られる．すると (3.14) では C は任意なので，C として $\displaystyle\bigcup_{n=1}^{\infty} E_n$ を (3.14) に代入すると，

$$\mu^* \left(\bigcup_{n=1}^{\infty} E_n \right)$$

$$\geq \sum_{n=1}^{\infty} \mu^* \left(\left(\bigcup_{k=1}^{\infty} E_k \right) \cap E_n \right) + \mu^* \left(\left(\bigcup_{n=1}^{\infty} E_n \right) \cap \left(\bigcup_{n=1}^{\infty} E_n \right)^c \right)$$

$$= \sum_{n=1}^{\infty} \mu^*(E_n) + \mu^*(\emptyset)$$

となり，定理 3.4 は証明される．

ステップ 2 以下 (3.14) を証明する．(3.14) を証明するには，$^\forall m \in \mathbb{N}$ に対して

$$\mu^*(C) \geq \sum_{n=1}^{m} \mu^*(C \cap E_n) + \mu^*\left(C \cap \left(\bigcup_{n=1}^{\infty} E_n\right)^c\right) \tag{3.15}$$

を証明すればよい（$m \to \infty$ とすれば (3.14) が得られる）．以下，(3.15) を帰納法によって示す．

$m = 1$ のとき．$E_1 \in \mathcal{M}$ であるから

$$\mu^*(C) = \mu^*(C \cap E_1) + \mu^*(C \cap E_1{}^c)$$

ここで，$E_1 \subset \bigcup_{n=1}^{\infty} E_n$ なので

$$E_1{}^c \supset \left(\bigcup_{n=1}^{\infty} E_n\right)^c$$

よって，(3.15) が $m = 1$ に対して成り立つ．

次に (3.15) が成り立つとして，(3.15) で m を $m+1$ としたものが成り立つことを示す．(3.15) がある m に対して成り立つとき，C は任意なので，C の代わりに $C \cap E_{m+1}^c$ を代入すると，

$$\begin{aligned} &\mu^*(C \cap E_{m+1}^c) \\ &\geq \sum_{n=1}^{m} \mu^*(C \cap E_{m+1}^c \cap E_n) + \mu^*\left(C \cap E_{m+1}^c \cap \left(\bigcup_{n=1}^{\infty} E_n\right)^c\right) \end{aligned} \tag{3.16}$$

ここで，$E_i \cap E_j = \emptyset$ $(i \neq j)$ であることより，

$$E_{m+1}^c \cap E_n = E_n, \qquad E_{m+1}^c \cap \left(\bigcup_{n=1}^{\infty} E_n\right)^c = \left(\bigcup_{n=1}^{\infty} E_n\right)^c$$

であるので，(3.16) は

$$\mu^*(C \cap E_{m+1}^c) \geq \sum_{n=1}^{m} \mu^*(C \cap E_n) + \mu^*\left(C \cap \left(\bigcup_{n=1}^{\infty} E_n\right)^c\right) \tag{3.17}$$

となる. ここで, $E_{m+1} \in \mathcal{M}$ だったので

$$\mu^*(C) = \mu^*(C \cap E_{m+1}) + \mu^*(C \cap E_{m+1}^c)$$

が成り立つので, (3.17) より,

$$
\begin{aligned}
\mu^*(C) \\
&\geq \mu^*(C \cap E_{m+1}) + \sum_{n=1}^{m} \mu^*(C \cap E_n) + \mu^* \left(C \cap \left(\bigcup_{n=1}^{\infty} E_n \right)^c \right) \\
&= \sum_{n=1}^{m+1} \mu^*(C \cap E_n) + \mu^* \left(C \cap \left(\bigcup_{n=1}^{\infty} E_n \right)^c \right) \qquad ∎
\end{aligned}
$$

系 3.1
$$E_n \in \mathcal{M} \ (n = 1, 2, \cdots)$$
$$\Longrightarrow \bigcup_{n=1}^{\infty} E_n \in \mathcal{M} , \ \bigcap_{n=1}^{\infty} E_n \in \mathcal{M}$$

注意 定理 3.3(2) では E_n は有限個でなくてはならなかった. また定理 3.4 では E_n は互いに素でなくてはならなかった.

証明 集合列 $\{F_n\}_{n=1,2,\cdots}$ を次のように定義する.

$$F_1 := E_1, \quad F_2 := E_2 \setminus E_1,$$
$$F_3 := E_3 \setminus (E_1 \cup E_2), \quad \cdots,$$
$$F_n := E_n \setminus (E_1 \cup E_2 \cup \cdots \cup E_{n-1})$$

すると, F_n は互いに交わらない (図 3.2). 定理 3.3 より, $F_n \in \mathcal{M}$. また,

$$\bigcup_{n=1}^{m} F_n = \bigcup_{n=1}^{m} E_n$$

である. F_n に定理 3.4 を適用すると, $\displaystyle\bigcup_{n=1}^{\infty} F_n \in \mathcal{M}$. よって, $\displaystyle\bigcup_{n=1}^{\infty} E_n \in \mathcal{M}$. また,

$$\bigcap_{n=1}^{\infty} E_n = \left(\bigcup_{n=1}^{\infty} E_n^c \right)^c \in \mathcal{M} \qquad ∎$$

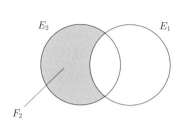 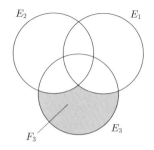

図 3.2

定理 3.5　$\mathbb{R}$ の開集合は可測である.

証明　$O \subset \mathbb{R}$ を開集合とする. 以下, ある開区間の列

$$I_n = (a_n, b_n) \qquad (-\infty \leq a_n < b_n \leq \infty)$$

に対して, $O = \bigcup_{n=1}^{\infty} I_n$ と書けることを示せば, $O = \bigcup_{n=1}^{\infty} I_n \in \mathcal{M}$.

ステップ 1　O のすべての点は内点である. O の中のすべての有理数は可算個なので, 番号をつけて, $x_1, x_2, \cdots$ とできる. 各 x_n に対して, 開区間 I_n を $x_n \in I_n \subset O$ となる最大の開区間とする. I_n は x_n を含み, O に含まれるすべての開区間の和集合で与えられ, $I_n = (a_n, b_n)$ と表される. よって $\bigcup_{n=1}^{\infty} I_n \subset O$ である.

ステップ 2　$O \subset \bigcup_{n=1}^{\infty} I_n$ を示す. 一方, 任意の $x \in O$ に対して, ある開区間 I_x があって, $x \in I_x \subset O$ とできる. $O \cap \mathbb{Q}$ は O の中で稠密であるから, ある $x_n \in \mathbb{Q}$ があって, $x_n \in I_x$ とできる. I_n は $x_n \in I_n \subset O$ となる最大の開区間だから, $I_x \subset I_n$ であることより, $x \in \bigcup_{n=1}^{\infty} I_n$.　■

可測集合かどうかの判定

これまで見てきた可測集合の例を整理してみよう.

可測集合のリスト

(1) 零集合，有限個の互いに交わらない区間からなる和集合，開集合

(2) (1) に入る集合の補集合からなる集合族

(3) (1), (2) に入る集合の可算個の共通部分で表される集合

(4) (1), (2) に入る集合の可算個の和集合で表される集合

　第三者によって勝手に提示された集合 E が $E \in \mathcal{M}$ か否かを判定するために

(i) (3.6) を調べる

(ii) E が上記 (1)〜(4) で表される

を考察することとなる.

例 3.3 小数第 1 位が 3 である無理数の集合は可測集合である.

小数第 1 位が 3 である無理数の集合は

$$\bigcup_{n=-\infty}^{\infty} [n + 0.3, n + 0.4) \cap \mathbb{Q}^c \tag{3.18}$$

と書ける. ここで一般に $[a, b) = \{a\} \cup (a, b)$ は可測集合. ◇

例 3.4 可測集合の非可算個の和集合は可測集合とは限らない. 任意の集合 A は

$$A = \bigcup_{x \in A} \{x\}$$

と書け, 一点からなる集合は可測だが, A の濃度によらずに和集合が可測なら, A は常に可測になってしまう. ◇

3.4 零集合と非可測集合の例

―――――――――――――――――――――― **カントールの零集合**

例 3.5 $I = [0, 1]$ とする.

(1) まず I を 3 等分して, 中央の開区間 $G_{1,1} = \left(\dfrac{1}{3}, \dfrac{2}{3}\right)$ を I から取り除く.

すると 2 つの閉区間 $\left[0, \dfrac{1}{3}\right]$, $\left[\dfrac{2}{3}, 1\right]$ が残る.

(2) さらに残った 2 つの閉区間をそれぞれ 3 等分して中央の開区間

$$G_{2,1} = \left(\frac{1}{9}, \frac{2}{9}\right), \qquad G_{2,2} = \left(\frac{7}{9}, \frac{8}{9}\right)$$

を取り除く. すると 4 つの閉区間が残る.

(3) それらを再び 3 等分して中央の開区間

$$G_{3,1} = \left(\frac{1}{27}, \frac{2}{27}\right), \qquad G_{3,2} = \left(\frac{7}{27}, \frac{8}{27}\right), \qquad G_{3,3} = \left(\frac{19}{27}, \frac{20}{27}\right),$$

$$G_{3,4} = \left(\frac{25}{27}, \frac{26}{27}\right)$$

を取り除く.

(4) この操作を繰り返し続けていく. この操作では n 回目に長さ $\dfrac{1}{3^n}$ の開区間を 2^{n-1} 個取り除いている. 取り除く開区間すべての和集合を

$$G = \bigcup_{n=1}^{\infty} \left(\bigcup_{k=1}^{2^{n-1}} G_{n,k} \right)$$

とすると, G は開集合. よって残りの集合 $N = I \setminus G$ は有界閉集合.

(5) n 回目の操作で取り除く開区間の長さの和は $\dfrac{1}{3^n} \cdot 2^{n-1}$ であるから

$$\mu^*(G) = \sum_{n=1}^{\infty} \frac{1}{3^n} \cdot 2^{n-1} = 1$$

よって $\mu^*(N) = \mu^*(I) - \mu^*(G) = 0$. よって N は零集合. N はカントール (Cantor) 集合またはカントールの零集合という[*1]. ◇

図 3.3

[*1] カントール集合は非可算である ([3, III, §12]).

======= 非可測集合の存在

▌**命題 3.3** $A \notin \mathcal{M}$ となる $A \subset [0,1]$ が存在する.

証明 $x \in \mathbb{R}$ に対して,

$$R(x) := \{x + r \mid r \in \mathbb{Q}\}$$

とする.

ステップ 1 $\forall x, \forall y \in \mathbb{R}$ に対して,

$$R(x) = R(y) \ \lor \ R(x) \cap R(y) = \emptyset$$

を示す. すなわち

$$R(x) \cap R(y) \neq \emptyset \implies R(x) = R(y)$$

を示す. ある $x, y \in \mathbb{R}$ に対して, $R(x) \cap R(y) \neq \emptyset$ とすると, ある $z_0 \in R(x) \cap R(y)$ が存在するので,

$$\exists r_1, r_2 \in \mathbb{Q} \, ; \, z_0 = x + r_1 = y + r_2 \in R(x) \cap R(y)$$

このことにより, $z \in R(x)$ ならば $z = x + r$ となる $r \in \mathbb{Q}$ が存在し,

$$z = x + r = y + r_2 - r_1 + r \in R(y)$$

すなわち, $R(x) \subset R(y)$. 同様に $R(y) \subset R(x)$ であるから, $R(x) = R(y)$.

ステップ 2 $$\mathbb{R} = \bigcup_{x \in [0,1]} R(x)$$

を示す. $\mathbb{R} \supset \bigcup_{x \in [0,1]} R(x)$ であり,

$$\forall x \in \mathbb{R}, \ x \in R(x)$$

であるから, 以下 $R(x) = R(x+1)$ を示せばよい. $z \in R(x)$ ならば, ある $r \in \mathbb{Q}$ に対して,

$$z = x + r = (x+1) + (-1 + r) \in R(x+1)$$

よって $R(x) \subset R(x+1)$. $R(x+1) \subset R(x)$ も同様.

ここで,

$$\exists x_1, x_2 \in [0,1] \ ;$$
$$x_1 \neq x_2 \ \wedge \ R(x_1) = R(x_2)$$

に注意する[*2].

ステップ 3 $\quad \exists A \subset [0,1] \ ;$

$$x, y \in A, \ x \neq y \implies R(x) \cap R(y) = \emptyset,$$
$$\mathbb{R} = \bigcup_{x \in A} R(x)$$

なぜなら,同値関係 $x \sim y$ を $R(x) = R(y)$ によって定め,各同値類 $R(x)$ から代表元を $[0,1]$ から選べばよい[*3].よって

$$^{\forall}z \in \mathbb{R}, \ \exists_1 x \in A \ ; \ z \in R(x)$$

よって

$$\mathbb{R} = \bigcup_{x \in A, \ r_i \in \mathbb{Q}} \{x + r_i\}$$

ステップ 4 $\ ^{\forall}x \in A$ に対して $R(x)$ は可算集合であり,

$$R(x) = \{x + r_i \mid r_i \in \mathbb{Q}\}$$

$z_1 = x + r_1, z_2 = x + r_2 \in R(x)$ に対して,

$$z_1 = z_2 \iff r_1 = r_2$$

よって

$$^{\forall}z \in R(x), \ \exists_1 r_i \in \mathbb{Q} \ ; \ z = x + r_i$$

　よって

[*2] 　実際,$^{\forall}x \in [0,1] \cap \mathbb{Q}$ に対して $R(x) = \mathbb{Q}$. また $R(\sqrt{2} - 1) = R(\sqrt{2} - 1.414)$.

[*3] 　同値類は非可算無限個存在するので,選択公理を用いる.

$$\mathbb{R} = \bigcup_{x \in A, \ r_i \in \mathbb{Q}} \{x + r_i\} = \bigcup_{r_i \in \mathbb{Q}} \{x + r_i \mid x \in A\}$$

よって $r \in \mathbb{Q}$ に対して,

$$A_r := \{x + r \mid x \in A\}$$

とすると, A_r は A を平行移動したものであり,

$$\mu^*(A_r) = \mu^*(A),$$
$$r, r' \in \mathbb{Q}, \ r \neq r' \implies A_r \cap A_{r'} = \emptyset$$

であり, $\mathbb{Q} = \{r_1, r_2, \cdots\}$ に対して,

$$\mathbb{R} = \bigcup_{i=1}^{\infty} A_{r_i}, \quad A_{r_i} \cap A_{r_j} = \emptyset \ (i \neq j) \tag{3.19}$$

である.

ステップ 5 $A \notin \mathcal{M}$ を背理法で示す.

(i) まず

$$A \in \mathcal{M} \implies \mu(A) = 0$$

を示す. $\mathbb{Q} \cap [0,1] = \{s_1, s_2, \cdots\}$ に対して, $A_{s_i} \subset [0,2]$ であり, $A \in \mathcal{M}$ のとき $A_{s_i} \in \mathcal{M}$ となり, $^\forall n \in \mathbb{N}$ に対して,

$$\mu([0,2]) \geq \mu\left(\bigcup_{i=1}^{n} A_{s_i}\right) = \sum_{i=1}^{n} \mu(A_{s_i}) = n\mu(A) \tag{3.20}$$

ここで n は任意に大きくとれるので, $\mu(A) = 0$.

(ii) (3.19) より

$$A \in \mathcal{M} \implies \mu(\mathbb{R}) = \sum_{i=1}^{\infty} \mu(A_{r_i}) = 0 \tag{3.21}$$

となるので, $A \in \mathcal{M}$ を仮定すると矛盾が発生する. ∎

矛盾は (3.20),(3.21) によって発生しているので,

$$\exists r_1', r_2', \cdots \in \mathbb{R} \;;\; \mu^* \left(\bigcup_{i=1}^{n} A_{r_i'} \right) < \sum_{i=1}^{\infty} \mu^*(A_{r_i'})$$

となる.

3.5　ルベーグ測度

定義 3.3　写像 μ^* の定義域を $\mathcal{M} \subset 2^{\mathbb{R}}$ に制限するとき, μ^* を単に μ と書き, 1 次元ルベーグ (Lebesgue) 測度という. すなわち $\mu : \mathcal{M} \longrightarrow \mathbb{R}_+$ を

$$A \in \mathcal{M}, \quad \mu(A) := \mu^*(A)$$

で定義する.

　以下, 1 次元ルベーグ測度を単にルベーグ測度とよぶ. ルベーグ測度 μ の構成法を振り返ってみよう.

(1)　$\mathcal{F}$ 上で長さ $|\cdot|$ が定義されていた. $\mathcal{F}$ は有限加法族の性質 (2.2) をもっていて, 長さ $|\cdot|$ は有限加法的測度 (2.4) の性質をもっていた.

(2)　外測度 μ^* を $2^{\mathbb{R}}$ で定義した.

(3)　μ^* を $\mathcal{M}$ に制限し, μ を定義した.

(4)　$\mathcal{M}$ は

$$\begin{aligned}
&\emptyset \in \mathcal{M}, \\
&A \in \mathcal{M} \implies A^c \in \mathcal{M}, \\
&A_n \in \mathcal{M} \; (n = 1, 2, \cdots) \implies \bigcup_{n=1}^{\infty} A_n \in \mathcal{M}
\end{aligned} \tag{3.22}$$

をみたす. (3.22) の性質をもつ集合族を完全加法族または σ-加法族, 可算加法族という (定義 12.9).

(5)　$\mathcal{M}$ 上の集合関数である μ は

$$\mu(\emptyset) = 0,$$

$$^{\forall}A \in \mathcal{M}, \ 0 \leq \mu(A) \leq \infty,$$

$$A_n \in \mathcal{M} \ (n = 1, 2, \cdots), \ A_i \cap A_j = \emptyset \ (i \neq j) \tag{3.23}$$

$$\implies \mu\left(\bigcup_{n=1}^{\infty} A_n\right) = \sum_{n=1}^{\infty} \mu(A_n)$$

をみたす. (3.23) の性質をもつ集合関数を測度という（定義 12.10）.

ルベーグ測度 μ は $\mathcal{M}$ 上の測度であり,

$$^{\forall}I \in \mathcal{I}, \ \mu(I) = |I|$$

をみたす.

3.6 集合列でのルベーグ測度

定義 3.4 (1) 集合列 $\{A_n\}_{n=1,2,\cdots}$ が

$$A_1 \supset A_2 \supset \cdots \supset A_n \supset \cdots$$

となっているとき, A_n は単調減少であるといい,

$$A_1 \subset A_2 \subset A_3 \subset \cdots \subset A_n \subset \cdots$$

となっているとき, A_n は単調増加であるという.

(2) 集合列 $\{A_n\}_{n=1,2,\cdots}$ に対して

$$B_n := \bigcup_{k=n}^{\infty} A_k = A_n \cup A_{n+1} \cup \cdots$$

とすると, B_n は

$$B_1 \supset B_2 \supset \cdots \supset B_n \supset \cdots$$

となり, 単調減少である. このとき,

$$\varlimsup_{n \to \infty} A_n := \bigcap_{n=1}^{\infty} B_n = \bigcap_{n=1}^{\infty} \bigcup_{k=n}^{\infty} A_k$$

を $\{A_n\}_{n=1,2,\cdots}$ の上極限集合という. 一方

$$C_n := \bigcap_{k=n}^{\infty} A_k = A_n \cap A_{n+1} \cap \cdots$$

とすると, C_n は

$$C_1 \subset C_2 \subset \cdots \subset C_n \subset \cdots$$

となり, 単調増加である. このとき,

$$\varliminf_{n \to \infty} A_n := \bigcup_{n=1}^{\infty} C_n = \bigcup_{n=1}^{\infty} \bigcap_{k=n}^{\infty} A_k$$

を $\{A_n\}_{n=1,2,\cdots}$ の下極限集合という.

(3)　$C_n \subset A_n \subset B_n$ はもちろんのこと,

$${}^{\forall} i \in \mathbb{N}, \ C_n \subset A_{n+i} \subset B_{n+i}$$

であるから

$$C_1 \subset C_2 \subset \cdots \subset \varliminf_{n \to \infty} A_n \subset \varlimsup_{n \to \infty} A_n \subset \cdots \subset B_2 \subset B_1$$

となる. とくに

$$\varliminf_{n \to \infty} A_n = \varlimsup_{n \to \infty} A_n$$

となるとき, $\{A_n\}_{n=1,2,\cdots}$ は収束するといい,

$$\lim_{n \to \infty} A_n := \varliminf_{n \to \infty} A_n = \varlimsup_{n \to \infty} A_n$$

を極限集合という.

定理 3.6　$E_n \in \mathcal{M}$ $(n = 1, 2, \cdots)$ に対して, $\mu\left(\bigcup_{n=1}^{\infty} E_n\right) < \infty$ であるとする. このとき, $\{E_n\}_{n=1,2,\cdots}$ が収束するならば,

$$\mu\left(\lim_{n\to\infty} E_n\right) = \lim_{n\to\infty}\mu(E_n) \tag{3.24}$$

この定理の証明は次の命題によって与えられる.

命題 3.4 $E_n \in \mathcal{M}$ $(n = 1, 2, \cdots)$ とする.

(1) $\{E_n\}_{n=1,2,\cdots}$ が単調増加,あるいは単調減少かつ $\mu(E_1) < \infty$ であるならば,(3.24) が成り立つ.

(2)
$$\mu\left(\varliminf_{n\to\infty} E_n\right) \le \varliminf_{n\to\infty}\mu(E_n)$$

が成り立つ.

(3) $\mu\left(\bigcup_{n=1}^{\infty} E_n\right) < \infty$ ならば

$$\mu\left(\varlimsup_{n\to\infty} E_n\right) \ge \varlimsup_{n\to\infty}\mu(E_n)$$

が成り立つ.

証明 (1) **ステップ 1** E_n が単調増加のとき.

$$A_1 := E_1, \quad A_n := E_n \setminus E_{n-1} \quad (n \ge 2)$$

とすると,A_n は互いに素で,$A_n \in \mathcal{M}$.

$$\begin{aligned}
\mu\left(\lim_{n\to\infty} E_n\right) &= \mu\left(\bigcup_{n=1}^{\infty} A_n\right) \\
&= \sum_{n=1}^{\infty}\mu(A_n) \\
&= \lim_{n\to\infty}\sum_{k=1}^{n}\mu(A_k) \\
&= \lim_{n\to\infty}\mu(E_n)
\end{aligned}$$

ステップ 2 E_n が単調減少かつ $\mu(E_1) < \infty$ のとき.

$B_n := E_1 \setminus E_n$ とすると,B_n は単調増加で,$\displaystyle\lim_{n\to\infty} E_n, \lim_{n\to\infty} B_n \in \mathcal{M}$ である.

$$\lim_{n\to\infty} B_n = E_1 \setminus \lim_{n\to\infty} E_n, \quad \mu(E_1) < \infty$$

であり，ステップ 1 を B_n に適用すると，

$$\mu(E_1) - \mu\left(\lim_{n\to\infty} E_n\right) = \mu\left(\lim_{n\to\infty} B_n\right)$$
$$= \lim_{n\to\infty} \mu(B_n)$$
$$= \lim_{n\to\infty} \left(\mu(E_1) - \mu(E_n)\right)$$

よって (3.24) が得られた.

(2)　$C_n := E_n \cap E_{n+1} \cap \cdots$ とおくと，$\{C_n\}_{n=1,2,\dots}$ は単調増加で，

$$\lim_{n\to\infty} C_n = \varliminf_{n\to\infty} E_n$$

であり，$C_n \subset E_n$ に注意すると，(1) より

$$\mu\left(\varliminf_{n\to\infty} E_n\right) = \mu\left(\lim_{n\to\infty} C_n\right) = \lim_{n\to\infty} \mu(C_n) \le \varliminf_{n\to\infty} \mu(E_n)$$

(3)　$D_n := E_n \cup E_{n+1} \cup \cdots$ とおくと，$\{D_n\}_{n=1,2,\dots}$ は単調減少で，

$$\lim_{n\to\infty} D_n = \varlimsup_{n\to\infty} E_n,$$
$$\mu(D_1) = \mu\left(\bigcup_{n=1}^{\infty} E_n\right) < \infty$$

であることより (1) と同様に証明される.　∎

定理 3.6 の証明　$\lim\limits_{n\to\infty} E_n$ が存在するとき，(3.24) は

$$\varlimsup_{n\to\infty} \mu(E_n) \le \mu\left(\varlimsup_{n\to\infty} E_n\right) = \mu\left(\varliminf_{n\to\infty} E_n\right) \le \varliminf_{n\to\infty} \mu(E_n),$$
$$\varliminf_{n\to\infty} \mu(E_n) \le \varlimsup_{n\to\infty} \mu(E_n)$$

によって得られる.　∎

第4章

ボレル集合族

　可測集合の定義をみたす集合はどんな集合か，直観的に理解するのは困難であり，前章では可測集合のリストをつくった．また非可測集合の構成法も複雑なものだった．そこで，可測集合をもっと直観的に理解しやすい集合で近似したい．ここでは，あらゆる開集合，閉集合を含む最小の完全加法族をボレル（Borel）集合と名付け，任意の可測集合をボレル集合で限りなく近似することを考察する[*1].

ボレル集合族

　あらゆる開集合からなる集合族を $\mathcal{U}$，あらゆる閉集合からなる集合族を $\mathcal{V}$ と表すこととする．あらゆる開集合を含む最小 σ-加法族をボレル (Borel) 集合族といい，$\mathcal{B}$ で表す．$\mathcal{I}, \mathcal{U}, \mathcal{V} \subset \mathcal{B}$ である．また，$\mathcal{B} \subset \mathcal{M}$ である．

　あらゆる開集合を含む σ-加法族 $\mathcal{W}_1, \mathcal{W}_2$ に対して，$\mathcal{W}_1 \cap \mathcal{W}_2$ もあらゆる開集合を含む σ-加法族となるので，ボレル集合族はあらゆる開集合を含む σ-加法族すべての共通部分で表される．すなわち，

$$\mathcal{B} = \bigcap_\lambda W_\lambda \quad (W_\lambda : \text{あらゆる開集合を含む } \sigma\text{-加法族})$$

と書ける．

[*1]　本章の議論を抜きにして，ルベーグ積分を定義していくことができるので，本章を後回しにしてもよい．

定理 4.1 (1) $^\forall E \in 2^{\mathbb{R}}$ に対して

$$\mu^*(E) = \inf\{\mu(G) \mid E \subset G \in \mathcal{U}\} \tag{4.1}$$

(2) $E \in \mathcal{M}$ であるとき, $\mu(E) < \infty$ ならば,

$$^\forall \varepsilon > 0, \ \exists G \in \mathcal{U} \ ; \tag{4.2}$$
$$E \subset G, \ \mu(G) < \mu(E) + \varepsilon$$

(3)
$$^\forall E \in 2^{\mathbb{R}}, \ \exists \tilde{E} \in \mathcal{B} \ ; \tag{4.3}$$
$$E \subset \tilde{E}, \ \mu(\tilde{E}) = \mu^*(E)$$

証明 (1) $E \subset G$ である $G \in \mathcal{U}$ に対して常に, $\mu^*(E) \le \mu(G)$ が成り立つので,

$$\mu^*(E) \le \inf\{\mu(G) \mid E \subset G \in \mathcal{U}\}$$

よって, $\mu^*(E) = \infty$ のときは (4.1) は明らか. よって以下, $\mu^*(E) < \infty$ に対して,

$$\mu^*(E) \ge \inf\{\mu(G) \mid E \subset G \in \mathcal{U}\} \tag{4.4}$$

を示す. ルベーグ外測度の定義より,

$$^\forall \varepsilon > 0, \ \exists \mathbf{I} = \bigcup_{n=1}^{\infty} I_n \in \mathbb{U}_E \ ; \tag{4.5}$$
$$\mu^*(E) \le m(\mathbf{I}) < \mu^*(E) + \frac{\varepsilon}{2}$$

ここで $I_n = (a_n, b_n]$ とする. このとき,

$$I_n \subset J_n := \left(a_n, b_n + \frac{\varepsilon}{2^{n+1}}\right)$$

なる $J_n \in \mathcal{U}$ をとり, $G_\varepsilon := \bigcup_{n=1}^{\infty} J_n \in \mathcal{U}$ とする.

$$\mu(G_\varepsilon) \leq \sum_{n=1}^{\infty} \mu(J_n)$$
$$= \sum_{n=1}^{\infty} \left(|I_n| + \frac{\varepsilon}{2^{n+1}} \right)$$
$$= m(\mathbf{I}) + \frac{\varepsilon}{2}$$

であるから, (4.5) より,

$$\mu(G_\varepsilon) < \mu^*(E) + \varepsilon \tag{4.6}$$

よって

$$\inf\{\mu(G) \mid E \subset G \in \mathcal{U}\} < \mu^*(E) + \varepsilon$$

において $\varepsilon \to 0$ として, (4.4) を得る.

(2) (1) より明らか.

(3) まず $\mu^*(E) < \infty$ のときを考える. (1) より,

$$^\forall n \in \mathbb{N}, \ \exists G_n \in \mathcal{U} ;$$

$$E \subset G_n, \ \mu^*(E) \leq \mu(G_n) < \mu^*(E) + \frac{1}{n}$$

$\tilde{E} := \displaystyle\bigcap_{n=1}^{\infty} G_n$ とすると, $\tilde{E} \in \mathcal{B}$ であり,

$$E \subset \tilde{E} \ \wedge \ ^\forall n \in \mathbb{N}, \ \mu^*(E) \leq \mu(\tilde{E}) < \mu^*(E) + \frac{1}{n}$$

すなわち $\mu(\tilde{E}) = \mu^*(E)$.

 $\mu^*(E) = \infty$ のときは $\tilde{E} = \mathbb{R}$ とすればよい. ■

 定理 4.1(2) において, $\mu(E) = \infty$ のときは (4.2) を考えることができない. また (3) において, $E \in \mathcal{M}$ ならば,

$$\exists G \in \mathcal{B} ; \ E \subset G, \ \mu(G) = \mu(E) \tag{4.7}$$

だが, $\mu(E) = \infty$ のとき, G は E よりどんなに大きくてもよいことになる. 一般に,

$$A, B \in \mathcal{M} \; ; \; A \subset B \; \wedge \; \mu(A) = \mu(B)$$

であるとき,

$$\mu(A) < \infty \implies \mu(B \setminus A) = \mu(B) - \mu(A) = 0$$

となるが, $\mu(A) = \infty$ のときは $\mu(B \setminus A)$ を評価できない. よって以下では $\mu(G \setminus E)$ を評価する.

定理 4.2 (1) $E \in \mathcal{M}$ とする. このとき,

$$^\forall \varepsilon > 0, \; \exists G \in \mathcal{U} \; ; \tag{4.8}$$
$$E \subset G, \; \mu(G \setminus E) < \varepsilon$$

(2) $$\exists \hat{E} \in \mathcal{B} \; ; \; E \subset \hat{E}, \; \mu(\hat{E} \setminus E) = 0 \tag{4.9}$$

証明 (1) まず E が有界なときを考える. このとき

$$\exists n \in \mathbb{N} \; ; \; E \subset (-n, n)$$

より, $\mu(E) < 2n < \infty$. (4.2) より,

$$\exists G \in \mathcal{U} \; ; \; E \subset G, \; \mu(G \setminus E) = \mu(G) - \mu(E) < \varepsilon$$

E が非有界なときは, $E_n := E \cap (-n, n)$ が有界なので,

$$\exists G_n \in \mathcal{U} \; ; \; E_n \subset G_n, \; \mu(G_n \setminus E_n) < \frac{\varepsilon}{2^n}$$

よって $G = \displaystyle\bigcup_{n=1}^{\infty} G_n \in \mathcal{U}$ に対して,

$$E = \bigcup_{n=1}^{\infty} E_n \subset \bigcup_{n=1}^{\infty} G_n = G$$

$$G \setminus E = \left(\bigcup_{n=1}^{\infty} G_n \right) \cap E^c = \bigcup_{n=1}^{\infty} (G_n \cap E^c) \subset \bigcup_{n=1}^{\infty} (G_n \setminus E_n)$$

より,

$$\mu(G \setminus E) \leq \mu \left(\bigcup_{n=1}^{\infty} (G_n \setminus E_n) \right)$$

$$\leq \sum_{n=1}^{\infty} \mu(G_n \setminus E_n)$$

$$< \sum_{n=1}^{\infty} \frac{\varepsilon}{2^n} = \varepsilon$$

(2) (1) より,

$$^{\forall} n \in \mathbb{N},$$

$$\exists G_n \in \mathcal{U} \; ; \; E \subset G_n, \; \mu(G_n \setminus E) < \frac{1}{n}$$

ここで $\hat{E} := \bigcap_{n=1}^{\infty} G_n$ とすると, $\hat{E} \in \mathcal{B}$ であり,

$$E \subset \hat{E} \; \wedge \; ^{\forall} n \in \mathbb{N}, \; \hat{E} \subset G_n$$

より,

$$\mu(\hat{E} \setminus E) \leq \mu(G_n \setminus E) < \frac{1}{n}$$

$n \to \infty$ として, $\mu(\hat{E} \setminus E) = 0$ を得る. ■

定理 4.3 (1) $E \in \mathcal{M}$ とする. このとき,

$$^{\forall} \varepsilon > 0, \; \exists F \in \mathcal{V} \; ;$$
$$F \subset E, \; \mu(E \setminus F) < \varepsilon \qquad (4.10)$$

すなわち,

$$\mu(E) = \sup\{\mu(F) \mid F \subset E, \; F \in \mathcal{V}\}$$

特に $\mu(E) < \infty$ ならば, F は有界閉集合としてとれる.

(2) $$\exists \check{E} \in \mathcal{B} \; ; \; \check{E} \subset E, \; \mu(E \setminus \check{E}) = 0 \qquad (4.11)$$

証明 (1) **ステップ 1** E が有界なとき.

$$\exists n \in \mathbb{N} ; \ E \subset [-n, n]$$

$[-n, n] \setminus E \in \mathcal{M}$ であるから, (4.8) より,

$$^{\forall}\varepsilon > 0, \ \exists G \in \mathcal{U} ;$$
$$[-n, n] \setminus E \subset G, \tag{4.12}$$
$$\mu(G) < \mu([-n, n] \setminus E) + \varepsilon = 2n - \mu(E) + \varepsilon$$

$F := [-n, n] \setminus G$ は有界閉集合. 以下, $F \subset E$ を示す. $x \in F$ ならば,

$$x \in [-n, n] \ \wedge \ x \in G^c \tag{4.13}$$

であるが, (4.12) より

$$G^c \subset ([-n, n] \setminus E)^c = ([-n, n] \cap E^c)^c = [-n, n]^c \cup E$$

であるから, (4.13) より $x \in E$.

次に,

$$\mu(F) = \mu([-n, n]) - \mu([-n, n] \cap G) \geq 2n - \mu(G)$$

であり, (4.12) より, $\mu(E \setminus F) = \mu(E) - \mu(F) < \varepsilon$.

ステップ2 E が非有界で $\mu(E) < \infty$ であるとき.

$I_n = (-n, n]$ に対して,

$$E_n := E \cap I_n \in \mathcal{M}$$

と表す. E_n は単調増加で $\lim_{n \to \infty} E_n = E$ であるから, $E \setminus E_n$ は単調減少で, 命題 3.4(1) より, $\lim_{n \to \infty} \mu(E \setminus E_n) = 0$. よって

$$^{\forall}\varepsilon > 0, \ \exists n \in \mathbb{N} ; \ \mu(E \setminus E_n) < \frac{\varepsilon}{2}$$

E_n は有界なので,

$$\exists F \in \mathcal{V} ; \ F \subset E_n, \ \mu(E_n \setminus F) < \frac{\varepsilon}{2}$$

ここで, $F \subset E_n \subset E$ であり, $E = E_n \cup (E \setminus E_n)$ であるから,

$$E \setminus F = (E_n \setminus F) \cup (E \setminus E_n)$$

よって

$$\mu(E \setminus F) \le \mu(E_n \setminus F) + \mu(E \setminus E_n) < \varepsilon$$

ここで F は有界閉集合.

ステップ 3 $\mu(E) = \infty$ であるとき.

(i) J_n を

$$J_1 = I_1, \quad J_n = I_n \setminus I_{n-1} \quad (n \ge 2)$$

で定め, $\tilde{E}_n := E \cap J_n$ とする. $\tilde{E}_n \in \mathcal{M}$ は有界なので,

$$\exists F_n \in \mathcal{V} \ ; \ F_n \subset \tilde{E}_n, \ \mu(\tilde{E}_n \setminus F_n) < \frac{\varepsilon}{2^n}$$

$F = \bigcup_{n=1}^{\infty} F_n \in \mathcal{V}$ であり*2,

$$F \subset \bigcup_{n=1}^{\infty} \tilde{E}_n = E$$

(ii) $$E \setminus F \subset \bigcup_{n=1}^{\infty} (\tilde{E}_n \setminus F_n) \tag{4.14}$$

を示す. 一般に, 集合 A_1, A_2, B_1, B_2 に対して,

$$A_1 \subset B_1, \ A_2 \subset B_2, \ B_1 \cap B_2 = \emptyset$$

$$\implies (B_1 \cup B_2) \setminus (A_1 \cup A_2)$$

$$= (B_1 \cup B_2) \cap A_1^c \cap A_2^c$$

$$= (B_1 \setminus A_1) \cup (B_2 \setminus A_2)$$

であり, 同様に,

---

*2　[2, 付録 §1, 問 2].

$$A_n \subset B_n \ (n = 1, 2, \cdots), \ B_i \cap B_j = \emptyset \ (i \neq j)$$

$$\Longrightarrow \left(\bigcup_{n=1}^{\infty} B_n \right) \setminus \left(\bigcup_{n=1}^{\infty} A_n \right) = \bigcup_{n=1}^{\infty} (B_n \setminus A_n) \tag{4.15}$$

が成り立つ. よって $\tilde{E}_n$ は互いに素であるから, (4.14) が成り立つ.

(iii)　よって (4.14) より,

$$\mu(E \setminus F) \leq \sum_{n=1}^{\infty} \mu(\tilde{E}_n \setminus F_n) < \sum_{n=1}^{\infty} \frac{\varepsilon}{2^n} = \varepsilon$$

(2)　(1) より,

$$^{\forall} n \in \mathbb{N}, \ \exists F_n \in \mathcal{V} \ ; \ F_n \subset E, \ \mu(E \setminus F_n) < \frac{1}{n}$$

であるから, $\check{E} = \bigcup_{n=1}^{\infty} F_n$ とすればよい.　∎

━━━━━━━━━━━━━━━━━━━━━━━━━━━━ $\mathcal{B}$ の完備化

ボレル集合族 $\mathcal{B}$ において,

$$^{\forall} B \in \mathcal{B} \ ; \ \mu(B) = 0,$$

$$A \subset B \implies A \in \mathcal{B}$$

は成り立たない. というのは, 零集合であるボレル集合の部分集合がボレル集合とは限らないからである. 一方, ルベーグ (Lebesgue) 可測集合族 $\mathcal{M}$ において,

$$^{\forall} B \in \mathcal{M} \ ; \ \mu(B) = 0,$$

$$A \subset B \implies A \in \mathcal{M}$$

が成り立つ. すべての零集合は可測集合だからである. このとき, $\mathcal{M}$ は完備であるという (定義 12.13). $\mathcal{M}$ は $\mathcal{B}$ を μ に関して完備化したものである (定義 12.14, 例 12.4).

II

可 測 関 数

第5章

単 関 数

　以下では第1章で考えたルベーグ和，底辺が区間ではない可測集合となるような棒グラフの面積を単関数の積分によって定義する．リーマン積分の性質は，リーマン和の性質が積分区間の分割を細かくしていったときの極限に対しても成り立つことによって得られることと同様，後述のルベーグ積分の性質は以下の単関数の積分の性質に基づく．

単関数の積分

定義 5.1　(1)　$A \in 2^{\mathbb{R}}$ に対して，

$$\chi_A(x) = \begin{cases} 1, & x \in A \\ 0, & x \notin A \end{cases} \tag{5.1}$$

を A の特性関数または定義関数という．
(2)　$E \in \mathcal{M}$ に対して，$E_k \subset E\ (k = 1, 2, \cdots, n)$ は

$$E_k \in \mathcal{M}, \quad E_i \cap E_j = \emptyset\ (i \neq j), \quad E = \bigcup_{k=1}^{n} E_k \tag{5.2}$$

であるとする．このとき

$$f(x) = \sum_{k=1}^{n} a_k \chi_{E_k}, \quad a_1, a_2, \cdots, a_n \in \mathbb{R} \tag{5.3}$$

と表される関数 $f(x)$ を E 上の単関数または階段関数という.

(3) E 上の単関数 $f(x)$ が (5.3) をみたし,

$$\mu(E_k) = \infty \implies a_k \geq 0$$

とする. このとき,

$$L(f, E) = \sum_{k=1}^{n} a_k \mu(E_k) \tag{5.4}$$

を単関数 f の積分とよぶ. $\mu(E_k) = \infty \ \wedge \ a_k > 0$ となる k があるときは $L(f, E) = \infty$ である.

例 5.1 (1) (5.2) で, E および各 E_k が区間である場合は (5.3) の $f(x)$ は棒グラフとなり, (5.4) は棒グラフの面積を与える.

(2) (1.1) の $f(x)$ は

$$f(x) = 3\chi_{\mathbb{Q}} + \chi_{\mathbb{Q}^c}$$

と書けるので, 単関数であり, $E = (a, b]$ での積分は

$$L(f, (a, b]) = 3\mu((a, b] \cap \mathbb{Q}) + \mu((a, b] \cap \mathbb{Q}^c)$$

で与えられる. ◇

例 5.2 リーマン和 (1.3) は $E_i = (x_{i-1}, x_i]$ に対して,

$$\sum_{i=1}^{n} f(\xi_i) \mu(E_i) \tag{5.5}$$

となり, (5.5) は単関数 $\sum_{i=1}^{n} f(\xi_i) \chi_{E_i}$ の積分になっている. ◇

では, E や各 E_k が区間でないときはどうだろうか. (5.3) はもはや棒グラフとはよべないだろう. しかし (5.5) は有界な関数 $f(x)$ に対して考えること

ができる.

例 5.3 (1.8) の $g(x)$ を用いて単関数をつくってみる. $(0, 1]$ の n 等分割

$$F_{1,n} = \left(0, \frac{1}{n}\right], \quad F_{2,n} = \left(\frac{1}{n}, \frac{2}{n}\right], \quad \cdots, \quad F_{k,n} = \left(\frac{k-1}{n}, \frac{k}{n}\right], \quad \cdots,$$

$$F_{n,n} = \left(\frac{n-1}{n}, 1\right]$$

に対して,

$$\hat{E}_{k,n} = \mathbb{Q} \cap F_{k,n}, \quad \tilde{E}_{k,n} = \mathbb{Q}^c \cap F_{k,n}$$

とする. $^{\forall}\hat{\xi}_{k,n} \in \hat{E}_{k,n}, \ ^{\forall}\tilde{\xi}_{k,n} \in \tilde{E}_{k,n} \ (k = 1, 2, \cdots, n)$ に対して

$$\begin{aligned}
g_n(x) &:= \sum_{k=1}^{n} g(\hat{\xi}_{k,n})\chi_{\hat{E}_{k,n}} + \sum_{k=1}^{n} g(\tilde{\xi}_{k,n})\chi_{\tilde{E}_{k,n}} \\
&= \sum_{k=1}^{n} \hat{\xi}_{k,n}{}^2 \chi_{\hat{E}_{k,n}} + \sum_{k=1}^{n} \tilde{\xi}_{k,n}{}^3 \chi_{\tilde{E}_{k,n}}
\end{aligned} \tag{5.6}$$

とすると, $g_n(x)$ は $\hat{\xi}_{k,n}, \tilde{\xi}_{k,n}$ に依存するが, 単関数であり,

$$L(g_n, (0, 1]) = \sum_{k=1}^{n} \hat{\xi}_{k,n}{}^2 \mu(\hat{E}_{k,n}) + \sum_{k=1}^{n} \tilde{\xi}_{k,n}{}^3 \mu(\tilde{E}_{k,n})$$

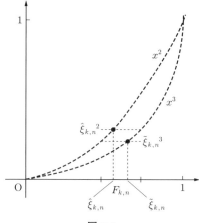

図 5.1

(5.6) の $g_n(x)$ は, $x \in (0,1] \cap \mathbb{Q}$ のとき, 任意の n に対して $x \in \hat{E}_{k,n}$ とな
る $\hat{E}_{k,n}$ が唯一存在し, $g_n(x) = \hat{\xi}_{k,n}{}^2$. $n \to \infty$ のとき $\hat{\xi}_{k,n} \to x$ となり,

$$^\forall x \in (0,1] \cap \mathbb{Q}, \ g_n(x) \to g(x)$$

$x \in (0,1] \cap \mathbb{Q}^c$ に対しても同様であるので, $^\forall x \in (0,1]$ で $g_n(x) \to g(x)$ とな
る.　◇

単関数の積分の一意性

1 つの単関数の表し方は一意的ではない. たとえば,

$$\chi_{[0,1]} = \chi_{[0,\frac{1}{2}]} + \chi_{(\frac{1}{2},1]} = \chi_{[0,1]\cap\mathbb{Q}} + \chi_{[0,1]\setminus\mathbb{Q}}$$

しかし, 1 つの単関数の積分は表し方によらず一意的でなくてはならない. す
なわち

命題 5.1

$$f(x) = \sum_{i=1}^{n} a_i \chi_{E_i}, \quad \bigcup_{i=1}^{n} E_i = E, \quad E_i \cap E_j = \emptyset \ \ (i \neq j)$$
$$g(x) = \sum_{j=1}^{m} b_j \chi_{F_j}, \quad \bigcup_{j=1}^{m} F_j = E, \quad F_i \cap F_j = \emptyset \ \ (i \neq j)$$

$$(5.7)$$

は単関数とする. ここで,

$$\mu(E_i) = \infty \implies a_i \geq 0, \quad \mu(F_j) = \infty \implies b_j \geq 0 \tag{5.8}$$

とする. このとき, $^\forall x \in E, \ f(x) = g(x)$ ならば

$$L(f, E) = L(g, E)$$

が成り立つ.

証明 $^\forall x \in E$ に対して, $x \in E_{i_0} \cap F_{j_0}$ となる E_{i_0} と F_{j_0} が存在し, $f(x) = g(x)$ より, $a_{i_0} = b_{j_0}$ でなくてはならない. このことにより,

$$\sum_{i=1}^{n} a_i \mu(E_i) = \sum_{i=1}^{n} a_i \sum_{j=1}^{m} \mu(E_i \cap F_j)$$

$$= \sum_{j=1}^{m} b_j \sum_{i=1}^{n} \mu(E_i \cap F_j) = \sum_{j=1}^{m} b_j \mu(F_j)$$

が成り立つ. ここで, $\mu(E_i) = \infty$ となるとき, $\mu(E_i \cap F_j) = \infty$ となる F_j が存在する. この i, j に対して $a_i \geq 0$, $b_j \geq 0$ となるが, $a_i > 0$, $b_j > 0$ のとき $L(f, E) = L(g, E) = \infty$ となる. ■

■■■■■■■■■■■■■■■■■■■■■■■ **単関数の積分の線形性と積分領域の分割**

次に単関数の和について考えてみよう.

例 5.4 (1) $$f(x) = 2\chi_{[0,\frac{1}{2})} + 3\chi_{[\frac{1}{2},1]},$$

$$g(x) = \chi_{[0,\frac{1}{3})} + 4\chi_{[\frac{1}{3},\frac{2}{3})} + 2\chi_{[\frac{2}{3},1]}$$

のとき,

$$(f + g)(x) = 3\chi_{[0,\frac{1}{3})} + 6\chi_{[\frac{1}{3},\frac{1}{2})} + 7\chi_{[\frac{1}{2},\frac{2}{3})} + 5\chi_{[\frac{2}{3},1]}$$

となるが,

$$L(f, [0,1]) = \frac{5}{2}, \quad L(g, [0,1]) = \frac{7}{3}, \quad L(f + g, [0,1]) = \frac{29}{6}$$

となることより

$$L(f + g, [0,1]) = L(f, [0,1]) + L(g, [0,1])$$

が成り立つ（図 5.2）.

(2) 単関数 $f(x)$ を $[0,1]$ で積分するとき, $[0,1] \cap \mathbb{Q}$ と $[0,1] \cap \mathbb{Q}^c$ で別々に積分するとき,

$$L(f, [0,1]) = L(f, [0,1] \cap \mathbb{Q}) + L(f, [0,1] \cap \mathbb{Q}^c)$$

は成り立つであろうか. たとえば, $f(x) = 2\chi_{[0,\frac{1}{2})} + 3\chi_{[\frac{1}{2},1]}$ に対して $L(f, [0,1]) = \frac{5}{2}$ であるが

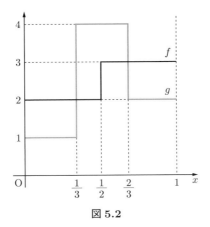

図 5.2

$$L(f, [0,1] \cap \mathbb{Q}) + L(f, [0,1] \setminus \mathbb{Q})$$

$$= \left\{ 2\mu \left(\left[0, \frac{1}{2}\right) \cap \mathbb{Q} \right) + 3\mu \left(\left[\frac{1}{2}, 1\right] \cap \mathbb{Q} \right) \right\}$$

$$+ \left\{ 2\mu \left(\left[0, \frac{1}{2}\right) \setminus \mathbb{Q} \right) + 3\mu \left(\left[\frac{1}{2}, 1\right] \setminus \mathbb{Q} \right) \right\}$$

$$= 0 + 2 \cdot \frac{1}{2} + 3 \cdot \frac{1}{2} = \frac{5}{2}$$

となっている. ◇

以上のことを一般的に述べると,

命題 5.2 $E \in \mathcal{M}$ 上の単関数 $f(x), g(x)$ は (5.7),(5.8) をみたすとする.
(1) (i) $(f+g)(x)$ も E 上の単関数となり,

$$L(f+g, E) = L(f, E) + L(g, E) \tag{5.9}$$

が成り立つ.
(ii) $L(f, E), L(g, E) < \infty$ のとき,

$${}^{\forall}a \in \mathbb{R}, \ {}^{\forall}b \in \mathbb{R}, \ L(af+bg, E) = aL(f, E) + bL(g, E) \tag{5.10}$$

が成り立つ.

(2) $E, A, B \in \mathcal{M}$ が

$$E = A \cup B, \quad A \cap B = \emptyset$$

をみたしているとする．このとき，$f(x)$ は A 上の単関数と B 上の単関数の和で表され，

$$L(f, A \cup B) = L(f, A) + L(f, B) \tag{5.11}$$

となる．

証明　(1)　(i)　$f(x), g(x)$ が (5.7) のように書かれるとき，

$$(f + g)(x) = \sum_{i=1}^{n} \sum_{j=1}^{m} (a_i + b_j) \chi_{E_i \cap F_j}$$

と表される．番号を打ち直すと，$f + g$ は単関数となることがわかる．また，

$$\begin{aligned}
&\sum_{i=1}^{n} \sum_{j=1}^{m} (a_i + b_j) \mu(E_i \cap F_j) \\
&= \sum_{i=1}^{n} a_i \sum_{j=1}^{m} \mu(E_i \cap F_j) + \sum_{j=1}^{m} b_j \sum_{i=1}^{n} \mu(E_i \cap F_j) \\
&= \sum_{i=1}^{n} a_i \mu(E_i) + \sum_{j=1}^{m} b_j \mu(F_j)
\end{aligned}$$

$\mu(E_i) = \infty$ となる E_i が存在するときは命題 5.1 と同様．

(ii)　$L(f, E), L(g, E) < \infty$ より，

$$\mu(E_i) = \infty \implies a_i = 0, \quad \mu(F_j) = \infty \implies b_j = 0$$

このとき，

$$\begin{aligned}
(af + bg)(x) &= \sum_{i=1}^{n} \sum_{j=1}^{m} (aa_i + bb_j) \mu(E_i \cap F_j) \\
&= a \sum_{i=1}^{n} a_i \mu(E_i) + b \sum_{j=1}^{m} b_j \mu(F_j)
\end{aligned}$$

より，(5.10) が得られる．

(2)
$$E = A \cup B = \bigcup_{i=1}^{n} E_i,$$

$$E_i = (E_i \cap A) \cup (E_i \cap B),$$

$$\bigcup_{i=1}^{n} (E_i \cap A) = A, \quad \bigcup_{i=1}^{n} (E_i \cap B) = B$$

より,

$$L(f, A \cup B) = \sum_{i=1}^{n} a_i \mu(E_i)$$

$$= \sum_{i=1}^{n} a_i \mu(E_i \cap A) + \sum_{i=1}^{n} a_i \mu(E_i \cap B)$$

$$= L(f, A) + L(f, B)$$

$\mu(E_i) = \infty$ となる E_i が存在するときは (1) と同様.　∎

第6章

可 測 関 数

　単関数ではない関数 $f(x)$ に対して，値域である y 軸を分割することによって $f(x)$ に収束する単関数列を構成する．単関数列の積分の極限によって $f(x)$ の積分を与えたいが，このようなことはどのような $f(x)$ に対して適用できるのか，ということを考察する．

6.1　可測関数の定義

　$f(x)$ は可測集合 E 上で定義された関数とする．$f(x)$ は非有界であることを許し，$-\infty \leq f(x) \leq \infty$ とする．$a \in \mathbb{R}$ に対して

$$E(f(x) > a) := \{x \in E \mid f(x) > a\} \tag{6.1}$$

と表す．またしばしば $E(f > a) := E(f(x) > a)$ と表す．

例 6.1　(1.8) の $g(x)$ に対して，$0 < a < b$ とすると，

$$\mathbb{R}(a < g(x) < b)$$
$$= \{x \in \mathbb{Q} \mid a^{\frac{1}{2}} < x < b^{\frac{1}{2}} \ \lor \ -b^{\frac{1}{2}} < x < -a^{\frac{1}{2}}\}$$
$$\cup \{x \in \mathbb{Q}^c \mid a^{\frac{1}{3}} < x < b^{\frac{1}{3}}\} \qquad \diamondsuit$$

定義 6.1　$E \in \mathcal{M}$ 上の関数 $f(x)$ が

$$^\forall a \in \mathbb{R},\ E(f(x) > a) \in \mathcal{M} \tag{6.2}$$

をみたすとき，$f(x)$ は可測であるという．

> 可測関数とは，関数 $y = f(x)$ のグラフを任意の高さ $y = a$ で切ったとき，その切り口が可測集合となる関数のことである．

例 6.2　$I = [a, b]$ 上の関数 $f(x)$ は $0 \le m \le f(x) \le M$ であるとする．$^\forall y \ge 0$ に対して，$m_f(y)$ を $I(f(x) > y) = \{x \in [a, b] \mid f(x) > y\}$ の長さとすれば，関数 $f(x)$ が可測ならば，

$$m_f(y) = \mu(I(f(x) > y))$$

となる．

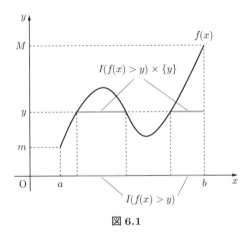

図 6.1

$m_f : [0, M] \longrightarrow [0, b - a]$ は単調減少なので，リーマン積分可能である[*1]．図 6.1 の $f(x)$ に対する $m_f(y)$ は図 6.2 のようになる．つまり，図 6.1 の $f(x)$ を横に切ったときの切り口の長さを縦に並べて $m_f(y)$ はつくられている．よって $f(x)$ がリーマン積分可能ならば，

[*1]　[8, 命題 7.7].

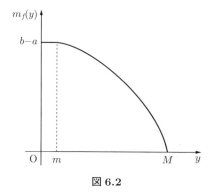

図 6.2

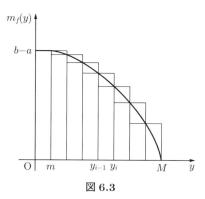

図 6.3

$$\int_a^b f(x)dx = \int_0^M m_f(y)dy$$

が成り立つ. しかし $f(x)$ がリーマン積分可能でなくても, 可測ならば, m_f はリーマン積分可能となる. より詳しく考えてみる.

　$[0, M]$ の分割

$$\Delta:\ 0 = y_0 < y_1 < y_2 < \cdots < y_n = M$$

に対して, $m_f(y)$ の劣リーマン和 $s(\Delta, m_f)$, 優リーマン和 $S(\Delta, m_f)$ を考え

る[*2]（図 6.3）. $m_f(y)$ は単調減少なので,

$$s(\Delta, m_f) = \sum_{i=1}^{n} m_f(y_i)(y_i - y_{i-1}), \quad S(\Delta, m_f) = \sum_{i=1}^{n} m_f(y_{i-1})(y_i - y_{i-1})$$

で与えられ, m_f はリーマン積分可能なので,

$$\lim_{|\Delta| \to 0} s(\Delta, m_f) = \lim_{|\Delta| \to 0} S(\Delta, m_f) = \int_0^M m_f(y)dy \tag{6.3}$$

が成り立つ.

　一方, 図 6.1 において, y 軸上に $[0, M]$ の分割点 y_i を打ち, $y = f(x)$ のグラフと 2 直線 $y = y_{i-1}$, $y = y_i$ で囲まれる図形は

$$\bigcup_{y_{i-1} \le y \le y_i} I(f(x) > y) \times \{y\}$$

で与えられるので,

$$
\begin{aligned}
&I(f(x) > y_i) \times [y_{i-1}, y_i] \\
&\subset \bigcup_{y_{i-1} \le y \le y_i} I(f(x) > y) \times \{y\} \\
&\subset I(f(x) > y_{i-1}) \times [y_{i-1}, y_i]
\end{aligned}
\tag{6.4}
$$

が成り立つ（図 6.4）.

　ここで, $s(\Delta, m_f)$, $S(\Delta, m_f)$ はそれぞれ図 6.4 の

$$\bigcup_{i=1}^{n} I(f(x) > y_i) \times [y_{i-1}, y_i], \qquad \bigcup_{i=1}^{n} I(f(x) > y_{i-1}) \times [y_{i-1}, y_i]$$

の面積に対応する. $|S_f[a, b]|$ を x 軸上の区間 $[a, b]$ とグラフ $y = f(x)$ の間の面積[*3]とすると, (6.4) より,

$$s(\Delta, m_f) \le |S_f[a, b]| \le S(\Delta, m_f)$$

[*2] [8, 定義 7.2].

[*3] いわゆる $f(x)$ の $[a, b]$ での定積分にあたる面積.

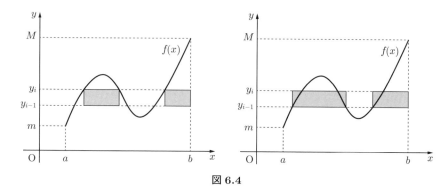

図 6.4

であるから, (6.3) により,

$$|S_f[a,b]| = \int_0^M m_f(y)dy$$

となる[*4].　◇

　後に (6.2) をみたすような関数に対してルベーグ積分を定義する. 以下では (6.2) をみたす関数について調べる.

> **命題 6.1**　次の (1)〜(3) は $f(x)$ が $E \in \mathcal{M}$ 上可測であることと同値である.
> (1)　$^\forall a \in \mathbb{R},\ E(f(x) \leq a) \in \mathcal{M}$
> (2)　$^\forall a \in \mathbb{R},\ E(f(x) \geq a) \in \mathcal{M}$
> (3)　$^\forall a \in \mathbb{R},\ E(f(x) < a) \in \mathcal{M}$

証明　$f(x)$ が $E \in \mathcal{M}$ で可測であるとき,

$$E(f(x) \leq a) = E \setminus E(f(x) > a)$$
$$E(f(x) \geq a) = \bigcap_{n=1}^\infty E\left(f(x) > a - \frac{1}{n}\right) \tag{6.5}$$
$$E(f(x) < a) = E \setminus E(f(x) \geq a)$$

[*4]　ルベーグ積分は後述の定義 8.1 のように定義されるのが一般的だが, [5] ではこのような方法で積分を定義している.

によって，(1)〜(3) が成り立つ．逆は

$$E(f(x) > a) = E \setminus E(f(x) \leq a)$$

$$E(f(x) > a) = \bigcup_{n=1}^{\infty} E\left(f(x) \geq a + \frac{1}{n}\right) \tag{6.6}$$

$$E(f(x) > a) = E \setminus \bigcap_{n=1}^{\infty} E\left(f(x) < a + \frac{1}{n}\right)$$

より得られる．■

命題 6.2 $f(x)$ が E 上で可測であるとき，

$$E(f(x) = a) = E(f(x) \geq a) \cap E(f(x) \leq a)$$

$$E(f(x) > -\infty) = \bigcup_{n=1}^{\infty} E(f(x) > -n)$$

$$E(f(x) = -\infty) = E \setminus E(f(x) > -\infty) \tag{6.7}$$

$$E(f(x) < \infty) = \bigcup_{n=1}^{\infty} E(f(x) < n)$$

$$E(f(x) = \infty) = E \setminus E(f(x) < \infty)$$

はすべて可測集合となる．

命題 6.3 $E \in \mathcal{M}$ 上の関数 $f(x)$ が

$$\forall r \in \mathbb{Q}, \ E(f(x) > r) \in \mathcal{M}$$

ならば，$f(x)$ は E 上で可測である．

証明

$$\forall a \in \mathbb{R}, \ \exists r_n \in \mathbb{Q} \ ; \ r_n \to a + 0$$

より，

$$E(f(x) > a) = \bigcup_{n=1}^{\infty} E(f(x) > r_n)$$

と表される．　■

6.2　可測関数の例

命題 6.4　単関数は可測である．

証明　(5.7) で与えられる $f(x)$ が (6.2) をみたすことを示す．必要であれば，$a_1 < a_2 < \cdots < a_n$ となるように a_k の番号を打ち直す．

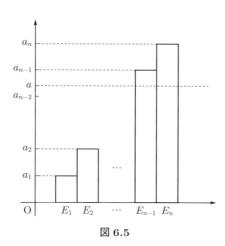

図 6.5

$$a \geq a_n \implies E(f(x) > a) = \emptyset \in \mathcal{M},$$

$$a_{n-1} \leq a < a_n \implies E(f(x) > a) = E_n \in \mathcal{M},$$

$$a_{n-2} \leq a < a_{n-1} \implies E(f(x) > a) = E_{n-1} \cup E_n \in \mathcal{M},$$

$$a_{k-1} \leq a < a_k \implies E(f(x) > a) = E_k \cup E_{k+1} \cup \cdots \cup E_n \in \mathcal{M},$$

$$a < a_1 \implies E(f(x) > a) = E \in \mathcal{M}$$
　■

例 6.3　$f(x) = x^2$ は $\mathbb{R}$ で可測である．

$$a < 0 \text{ のとき } \mathbb{R}(x^2 > a) = \mathbb{R} \in \mathcal{M}$$

$$a \geq 0 \text{ のとき } \mathbb{R}(x^2 > a) = (-\infty, -\sqrt{a}) \cup (\sqrt{a}, \infty) \in \mathcal{M} \qquad \diamondsuit$$

例 6.4

$$f(x) = \begin{cases} \infty, & x = 0 \\ 0, & x \neq 0 \end{cases} \tag{6.8}$$

は $\mathbb{R}$ で可測である. なぜならば,

$$a \geq 0 \implies \mathbb{R}(f(x) > a) = \{0\} \in \mathcal{M}$$

$$a < 0 \implies \mathbb{R}(f(x) > a) = \mathbb{R} \in \mathcal{M} \qquad \diamondsuit$$

命題 6.5 $\mathbb{R}$ 上の連続関数は可測である.

証明 開集合の連続関数による逆像は開集合. 値域 $\mathbb{R}$ の中で (a, ∞) は開集合なので $\mathbb{R}(f(x) > a)$ は開集合, すなわち可測. ■

命題 6.6 $\mathbb{R}$ 上の単調増加関数は可測である[*5].

証明 $\mathbb{R}$ 上の単調増加関数 $f(x)$ に対して,

$$^{\forall}a \in \mathbb{R}, \ \mathbb{R}(f(x) \geq a) \in \mathcal{M}$$

を示す. $f(x)$ は単調増加なので,

$$\exists x_0 \in \mathbb{R} \ ; \ f(x_0) \geq a \implies {}^{\forall}x \geq x_0, \ f(x) \geq a$$

すなわち

$$\exists x_0 \in \mathbb{R} \ ; \ f(x_0) \geq a \implies [x_0, \infty) \subset \mathbb{R}(f(x) \geq a)$$

ここで

$$\hat{x} := \inf \mathbb{R}(f(x) \geq a)$$

とおくと,

$$\exists x_n \in \mathbb{R}(f(x) \geq a) \ ;$$

$$x_1 > x_2 > \cdots > \hat{x} \ \wedge \ \lim_{n \to \infty} x_n = \hat{x}$$

[*5] 単調増加関数はリーマン積分可能であった. 後にリーマン積分可能関数はルベーグ積分可能であることを学ぶ. ルベーグ積分は可測関数に対して適用される.

ここで,

$$\lim_{n \to \infty} f(x_n) \geq a \ \land \ {}^{\forall}x < \hat{x}, \quad f(x) < a$$

$f(\hat{x}) \geq a$ のとき,

$$\mathbb{R}(f(x) \geq a) = [\hat{x}, \infty) \in \mathcal{M}$$

$f(\hat{x}) < a$ のとき,

$$\mathbb{R}(f(x) \geq a) = (\hat{x}, \infty) \in \mathcal{M} \qquad\blacksquare$$

6.3 可測関数の性質

定理 6.1 $f(x), g(x)$ が $E \in \mathcal{M}$ 上で有限な可測関数であるとき,
(1) ${}^{\forall}\alpha, {}^{\forall}\beta \in \mathbb{R}$ に対して $(\alpha f + \beta g)(x)$ は可測である.
(2) $fg(x)$ は可測である.
(3) ${}^{\forall}x \in E,\ g(x) \neq 0$ のとき, $\dfrac{f}{g}(x)$ は可測である.

定理 6.1 の証明は後述とする. 定理 6.1 から以下のことが示される.

例 6.5 (1.8) の $g(x)$ は

$$g(x) = x^2 \chi_{\mathbb{Q}} + x^3 \chi_{\mathbb{Q}^c} \tag{6.9}$$

と書けることより, $g(x)$ は $\mathbb{R}$ で可測である. ◇

より一般的に, 以下の命題が導かれる.

系 6.1 $E = \displaystyle\bigcup_{i=1}^{n} E_i, \quad E_i \in \mathcal{M}, \quad E_i \cup E_j = \emptyset \ (i \neq j)$

とする. E 上の可測関数 $f_i(x)(i = 1, 2, \cdots, n)$ に対して

$$\sum_{i=1}^{n} f_i(x)\chi_{E_i}$$

は E で可測となる.

定理 6.1 の証明のために以下の命題を用意する.

命題 6.7 $f(x), g(x)$ は $E \in \mathcal{M}$ 上の可測関数とする. このとき

$$E(g < f),\ E(g \leq f),\ E(f = g) \in \mathcal{M}$$

となる.

命題 6.7 の証明の前に定理 6.1 を証明する.

定理 6.1 の証明 (1) $\alpha > 0,\ \beta < 0$ の場合で証明する. $\alpha > 0$ のとき

$$E(\alpha f(x) + \beta g(x) > a) = E\left(f(x) > -\frac{\beta}{\alpha}g(x) + \frac{a}{\alpha}\right)$$

よって命題 6.7 より $-\dfrac{\beta}{\alpha}g(x) + \dfrac{a}{\alpha}$ が可測であればよい. $\beta < 0$ のとき, $\forall a' \in \mathbb{R}$ に対して

$$E\left(-\frac{\beta}{\alpha}g(x) + \frac{a}{\alpha} > a'\right) = E\left(g(x) > -\frac{\alpha}{\beta}\left(a' - \frac{a}{\alpha}\right)\right) \in \mathcal{M}$$

よって $\alpha f + \beta g$ は可測である. $\alpha > 0,\ \beta < 0$ ではない場合も同様である.

(2) まず, $f = g$ の場合, すなわち, $f^2(x)$ が可測であることを示す.

$a \geq 0$ のとき

$$E(f^2(x) > a) = E(f(x) > \sqrt{a}) \cup E(f(x) < -\sqrt{a})$$

$a < 0$ のとき

$$E(f^2(x) > a) = E$$

よって, $f^2(x)$ は E で可測. このことより,

$$fg = \frac{1}{4}\left\{(f+g)^2 - (f-g)^2\right\}$$

で, $f + g, f - g$ は (1) より可測であるので, $fg(x)$ が可測であることがわかる.

(3) まず, $\dfrac{1}{g}$ が可測であることを示す.

$a > 0$ に対して

$$E\left(\frac{1}{g(x)} > a\right) = E(g(x) > 0) \cap E\left(g(x) < \frac{1}{a}\right)$$

$a = 0$ に対して

$$E\left(\frac{1}{g(x)} > a\right) = E(g(x) > 0)$$

$a < 0$ に対して

$$E\left(\frac{1}{g(x)} > a\right) = E(g(x) > 0) \cup E\left(g(x) < \frac{1}{a}\right)$$

よって $\dfrac{1}{g(x)}$ は可測であるので (2) より $\dfrac{f}{g}$ も可測となる．　■

命題 6.7 の証明　まず $E(g(x) < f(x)) \in \mathcal{M}$ を証明する．
ステップ 1

$$E(g(x) < f(x)) = \bigcup_{r \in \mathbb{Q}} E(g(x) < r < f(x))$$

を示す（図 6.6）．

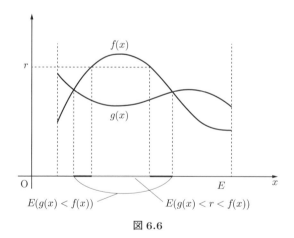

図 6.6

(i)　$x_0 \in E(g(x) < f(x))$ であれば $g(x_0) < f(x_0)$ であるから

$$\exists r \in \mathbb{Q} \ ; \ g(x_0) < r < f(x_0)$$

よって

$$E(g(x) < f(x)) \subset \bigcup_{r \in \mathbb{Q}} E(g(x) < r < f(x))$$

(ii)　$\forall r \in \mathbb{Q}$ に対して,

$$E(g(x) < r < f(x)) = E(g(x) < r) \cap E(f(x) > r)$$
$$\subset E(g(x) < f(x))$$

よって

$$\bigcup_{r \in \mathbb{Q}} E(g(x) < r < f(x)) \subset E(g(x) < f(x))$$

ステップ2　$\mathbb{Q}$ は可算無限個の集合で, $\mathbb{Q} = \{r_1, r_2, \cdots\}$ と書くことができ,

$$\bigcup_{r \in \mathbb{Q}} E(g(x) < r < f(x)) = \bigcup_{n=1}^{\infty} E(g(x) < r_n < f(x))$$
$$= \bigcup_{n=1}^{\infty} (E(g(x) < r_n) \cap E(f(x) > r_n)) \in \mathcal{M}$$

$E(g \leq f) \in \mathcal{M}$ は, f と g を入れ替えて, $E(f(x) < g(x)) \in \mathcal{M}$ より,

$$E(f(x) \geq g(x)) = E \setminus E(f(x) < g(x)) \in \mathcal{M}$$

また

$$E(f(x) = g(x)) = E(f(x) \geq g(x)) \setminus E(f(x) > g(x)) \in \mathcal{M} \qquad \blacksquare$$

2つの関数の大小関係と可測性

可測関数 $f(x)$ に対して,

$$f^+(x) := \max\{f(x), 0\}$$
$$f^-(x) := \max\{-f(x), 0\} \tag{6.10}$$

とすると,

$$f(x) = f^+(x) - f^-(x)$$
$$|f(x)| = f^+(x) + f^-(x) \tag{6.11}$$

である（図 6.7）.

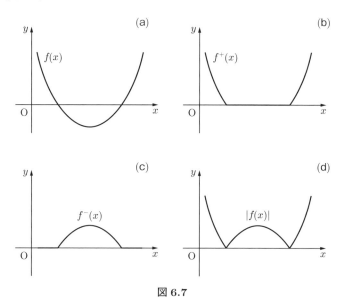

図 6.7

> **定理 6.2**　$f(x)$ は $E \in \mathcal{M}$ 上の関数とする.
> (1)　$f(x)$ が可測であることと $f^+(x), f^-(x)$ が可測であることは同値である.
> (2)　$f(x)$ が可測ならば，$|f(x)|$ は可測である.

証明　(1)　$f(x)$ が可測であるとき，$a \geq 0$ に対して

$$E(f^+(x) > a) = E(f(x) > a)$$

であり，$a < 0$ に対して $E(f^+(x) > a) = E$ であることより，$f^+(x)$ は可測．$f^-(x)$ についても同様．$f^+(x), f^-(x)$ が可測ならば，(6.11) より $f(x)$ は可測．(2) も同様．■

例 6.6　非可測集合 A に対して

$$f(x) = \begin{cases} 1, & x \in A \\ -1, & x \notin A \end{cases}$$

は可測ではないが，$|f(x)|$ は可測である．このように $|f(x)| = f^+(x) + f^-(x)$ において，$|f(x)|$ は可測でも $f^+(x), f^-(x)$ は可測とは限らない．このように

$$f(x), g(x) \text{ は可測 } \implies (f+g)(x) \text{ は可測}$$

は成り立つが逆は成り立たない．　◇

定理 6.3　$E \in \mathcal{M}$ 上の可測関数 $f(x), g(x)$ に対して，

$$\begin{aligned} h(x) &:= \max\{f(x), g(x)\} \\ k(x) &:= \min\{f(x), g(x)\} \end{aligned} \tag{6.12}$$

は可測関数となる[*6].

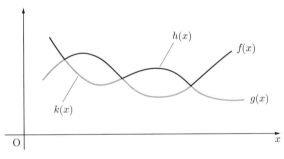

図 6.8

証明
$$\max\{f(x), g(x)\} = (f-g)^+(x) + g(x),$$
$$\min\{f(x), g(x)\} = -(f-g)^-(x) + g(x)$$

が成り立つ．なぜなら，

[*6]　ここでは図 6.8 のように 2 つの関数の大きい値をとる関数，小さい値をとる関数を考えたが，後に可算個の関数で同様のことを考える（(6.22) および命題 6.12）．

$$(f-g)^+(x) + g(x) = \max\{(f-g)(x), 0\} + g(x)$$
$$= \max\{f(x), g(x)\}$$
$$-(f-g)^-(x) + g(x) = -\max\{-(f-g)(x), 0\} + g(x)$$
$$= -(\max\{-(f-g)(x), 0\} - g(x))$$
$$= -\max\{-f(x), -g(x)\}$$
$$= \min\{f(x), g(x)\} \qquad ■$$

=== **集合列上での可測性**

(5.11) では $A \cup B$ での単関数の積分を A, B での積分に分けた. 後に可測関数についても同様のことを考えるが, 以下はそのための基礎を与える.

命題 6.8 (1) (i) $E \in \mathcal{M}$ 上の可測関数 $f(x)$ は任意の可測集合 $A \subset E$ で可測である.

(ii) $\mathbb{R}$ で可測な関数は $E \in \mathcal{M}$ で可測である.

(iii) $\mathbb{R}$ 上の連続関数の $E \in \mathcal{M}$ への制限は E 上で可測である.

(2) $A, B \in \mathcal{M}$ とする. $f(x)$ は $A \cup B$ 上の関数とする. このとき,

$$A, B \text{ で } f(x) \text{ は可測} \iff A \cup B \text{ で } f(x) \text{ は可測}$$

(3) $E_i \in \mathcal{M}$ $(i = 1, 2, \cdots)$ とする. $f(x)$ は $\displaystyle\bigcup_{i=1}^{\infty} E_i$ 上の関数とする. このとき,

$$^{\forall}i \in \mathbb{N}, \ E_i \text{ で } f(x) \text{ は可測} \iff \bigcup_{i=1}^{\infty} E_i \text{ で } f(x) \text{ は可測}$$

であり, $^{\forall}a \in \mathbb{R}$ について,

$$\left(\bigcup_{i=1}^{\infty} E_i\right)(f(x) > a) = \bigcup_{i=1}^{\infty} E_i(f(x) > a)$$

証明 (1) (i) $^{\forall}a \in \mathbb{R}$ について,

$$A(f(x) > a) = E(f(x) > a) \cap A \in \mathcal{M}$$

(ii), (iii) も同様.

(2)　(1) より, $A \cup B$ で $f(x)$ が可測ならば, A, B で $f(x)$ は可測. 逆は

$$(A \cup B)(f(x) > a) = A(f(x) > a) \cup B(f(x) > a)$$

で与えられる.

(3)　(2) と同様.　■

例 6.7　(1.8) の $g(x)$ は $\mathbb{R}$ で可測であることを例 6.5 で示したが,

$$\mathbb{R}(g(x) > a) = \mathbb{Q}(g(x) > a) \cup \mathbb{Q}^c(g(x) > a)$$
$$= \mathbb{Q}(x^2 > a) \cup \mathbb{Q}^c(x^3 > a)$$

であり, x^2, x^3 は $\mathbb{R}$ で連続なので, 命題 6.8 により, $\mathbb{Q}(x^2 > a), \mathbb{Q}^c(x^3 > a) \in \mathcal{M}$.　◇

ほとんどいたるところ

定義 6.2　$E \in \mathcal{M}$ 上の可測関数 $f(x), g(x)$ に対して $E(f(x) \neq g(x))$ が零集合となるとき, $f(x)$ と $g(x)$ は E でほとんどいたるところ (almost everywhere) 等しいといい,

$$f(x) = g(x) \text{ a.e. in } E$$

と表す.

例 6.8　$\mathbb{Q}$ は $\mathbb{R}$ で零集合なので, (6.9) の $g(x)$ は $\mathbb{R}$ でほとんどいたるところ x^3 と等しい.　◇

命題 6.9　$E \in \mathcal{M}$ 上で $f(x)$ が可測であるとき, E 上の関数 $g(x)$ が

$$f(x) = g(x) \text{ a.e. in } E$$

であるならば, $g(x)$ も可測となる.

証明
$$E(f = g) = E \setminus E(f \neq g)$$

において，$E(f \neq g)$ は零集合なので，$E(f = g)$ は可測.

$$E(g > a) = E(f = g \ \land \ g > a) \cup E(f \neq g \ \land \ g > a)$$

において，$E(f \neq g \ \land \ g > a)$ は零集合であり，

$$E(f = g \ \land \ g > a) = E(f = g \ \land \ f > a) = E(f > a) \cap E(f = g) \in \mathcal{M}$$

■

6.4 単関数列の極限

━━━━━━━━━━━━━━━ **可測関数に収束する単調増加単関数列の存在**

一般に，関数 $f(x), g(x)$ が同一の定義域すべての x で，$f(x) \leq g(x)$ となるとき，単に $f \leq g$ と書く.

関数列 $\{f_n\}_{n=1,2,\cdots}$ が

$$f_1 \leq f_2 \leq f_3 \leq \cdots \leq f_n \leq \cdots$$

となるとき，$\{f_n\}$ は単調増加であるといい，単に

$$^\forall n \in \mathbb{N}, \ f_n \leq f_{n+1}$$

と書く.

> **定理 6.4**　$f(x)$ は $E \in \mathcal{M}$ 上の可測関数で，$f \geq 0$ であるとする. このとき次の条件をみたす単関数列 $\{f_n\}_{n=1,2,\cdots}$ が存在する.
> $$^\forall n \in \mathbb{N}, \ 0 \leq f_n \leq f_{n+1} \leq f$$
> $$^\forall x \in E, \ \lim_{n \to \infty} f_n(x) = f(x)$$
> (6.13)

証明　ステップ 1　単調増加単関数列 $f_n(x)$ を構成する.

まず y 軸の区間 $[0, n]$ を n 等分割して，さらに各 $[i-1, i]$ $(i = 1, 2, \cdots, n)$ を 2^n 等分割する，すなわち y 軸の区間 $[0, n]$ を $n2^n$ 等分割して，$k =$

$1, 2, 3, \cdots, n2^n$ に対して，$f_n(x)$ を

$$f_n(x) = \begin{cases} n, & x \in E(f(x) \geq n) \\ \dfrac{k-1}{2^n}, & x \in E\left(\dfrac{k-1}{2^n} \leq f(x) < \dfrac{k}{2^n}\right) \end{cases} \tag{6.14}$$

で定義する．たとえば，$f_1(x), f_2(x)$ は

$$f_1(x) = \begin{cases} 1, & x \in E(f(x) \geq 1) \\ 0, & x \in E\left(0 \leq f(x) < \dfrac{1}{2}\right) \\ \dfrac{1}{2}, & x \in E\left(\dfrac{1}{2} \leq f(x) < 1\right) \end{cases}$$

$$f_2(x) = \begin{cases} 2, & x \in E(f(x) \geq 2) \\ 0, & x \in E\left(0 \leq f(x) < \dfrac{1}{4}\right) \\ \dfrac{1}{4}, & x \in E\left(\dfrac{1}{4} \leq f(x) < \dfrac{1}{2}\right) \\ \dfrac{1}{2}, & x \in E\left(\dfrac{1}{2} \leq f(x) < \dfrac{3}{4}\right) \\ \dfrac{3}{4}, & x \in E\left(\dfrac{3}{4} \leq f(x) < 1\right) \\ 1, & x \in E\left(1 \leq f(x) < \dfrac{5}{4}\right) \\ \dfrac{5}{4}, & x \in E\left(\dfrac{5}{4} \leq f(x) < \dfrac{3}{2}\right) \\ \dfrac{3}{2}, & x \in E\left(\dfrac{3}{2} \leq f(x) < \dfrac{7}{4}\right) \\ \dfrac{7}{4}, & x \in E\left(\dfrac{7}{4} \leq f(x) < 2\right) \end{cases}$$

（図 6.9）．$f_n(x)$ は単関数で可測である．

ステップ 2　$f_n \leq f_{n+1}$ を示す．

　$f_{n+1}(x)$ をつくる際，$f_n(x)$ をつくった $[0, n]$ の $n2^n$ 分割をさらに 2 分割して，$[0, n+1]$ の $(n+1)2^{n+1}$ 分割をつくっているので，$f_n \leq f_{n+1}$ になっている．図 6.9 の 2 つの図を重ねて比較してみるとよい．

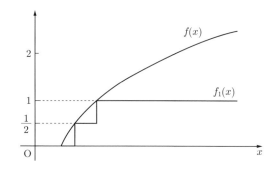

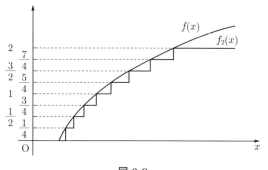

図 6.9

ステップ3 $^\forall x \in E$ に対して，$f_n(x) \to f(x)$ を示す.

まず，$f(x) = \infty$ となる $x \in E$ においては，$f_n(x) = n$ なので，

$$\lim_{n \to \infty} f_n(x) = \infty = f(x)$$

次に，$f(x) < \infty$ となる $x \in E$ において，$f(x) < n$ となる n がとれ，このようなすべての n に対して，

$$0 \le f(x) - f_n(x) \le \frac{1}{2^n}$$

であるから，$\displaystyle\lim_{n \to \infty} f_n(x) = f(x)$. ∎

定義 1.1 で考えたリーマン積分では，リーマン和を表す棒グラフは縦方向から $f(x)$ に近づいていく「縦棒グラフ」だったのだが，(6.14) は横方

向から $f(x)$ に近づいていく「横棒グラフ」で，いわば「劣ルベーグ和」
になっている．

　可測関数 $f(x) \geq 0$ に対して，(6.13) をみたす単関数 $f_n(x)$ がつくれる
ので，$f_n(x)$ の積分 $L(f_n, E)$ が得られる．よって，$\lim_{n \to \infty} L(f_n, E)$ によっ
て，$f(x)$ の積分を定義していきたい．

　以後，単関数 $f(x)$ に対して，しばしば積分記号

$$\int_E f(x)d\mu := L(f, E)$$

を用いる．

可測関数に収束する単調増加単関数列の積分の一意性

例 6.9 $[a,b]$ での連続関数 $f(x) \geq 0$ に対しては，(6.13) をみたす単関数列
は次のようにつくることもできる．$f(x)$ に対して，$[a,b]$ の 2^n 等分割 Δ_n 上
での劣リーマン和 s_n を与える関数列 $f_n(x)$ は単関数列で，単調増加．$f(x)$
は連続なので，$f_n(x)$ は $f(x)$ に収束する．$f(x)$ はリーマン積分可能なので，
$\lim_{n \to \infty} L(f_n, E)$ は $f(x)$ のリーマン積分を与える．　◇

　よって，次の定理が不可欠となる．

定理 6.5 $f(x)$ は $E \in \mathcal{M}$ 上の可測関数で，$f \geq 0$ であるとする．単関数列
$\{f_n\}_{n=1,2,\dots}$ は (6.13) をみたすとする．単関数列 $\{g_n\}_{n=1,2,\dots}$ もまた

$$^\forall n \in \mathbb{N}, \ 0 \leq g_n \leq g_{n+1} \leq f$$
$$^\forall x \in E, \ \lim_{n \to \infty} g_n(x) = f(x)$$

とする．このとき

$$\lim_{n \to \infty} L(f_n, E) = \lim_{n \to \infty} L(g_n, E)$$

が成り立つ．

　証明は後述する．

(6.13) の f_n の単調増加性は $L(f_n, E)$ の単調増加性を与え，$\lim_{n \to \infty} L(f_n, E)$ の存在を与えるために重要である．しかしそれのみならず，(6.13) の単調増加性がないと次のようなことが起こりうる．

例 6.10 (6.8) で与えられる可測関数 $f(x)$ に対して，単関数列

$$f_n(x) = \begin{cases} n, & x = 0 \\ 0, & x \neq 0 \end{cases} \tag{6.15}$$

$$= n\chi_{\{0\}}$$

は (6.13) をみたし，$\lim_{n \to \infty} L(f_n, \mathbb{R}) = 0$ である．一方，

$$\tilde{f}_n(x) = \begin{cases} n, & 0 \leq |x| < \dfrac{1}{n} \\ 0, & |x| \geq \dfrac{1}{n} \end{cases} \tag{6.16}$$

$$= n\chi_{\{|x| < \frac{1}{n}\}}$$

に対して，

$$\tilde{f}_{n+1}(x) - \tilde{f}_n(x) = \chi_{\{|x| < \frac{1}{n+1}\}} - n\chi_{\{\frac{1}{n+1} \leq |x| < \frac{1}{n}\}}$$

より $\tilde{f}_n$ は単調増加ではない．$\lim_{n \to \infty} L(\tilde{f}_n, \mathbb{R}) = 2$ である（図 6.10）.

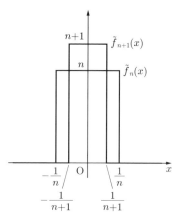

図 6.10

すなわち可測関数 $f(x)$ の積分を $f(x) = \lim_{n \to \infty} f_n(x)$ をみたす単関数 $f_n(x)$ に対して，$f_n(x)$ の積分 $L(f_n, E)$ の極限で定義するには (6.13) が必要であることがわかる．　◇

定理 6.5 の証明は以下の命題によって与えられる．

命題 6.10　$E \in \mathcal{M}$ 上の単関数列 $\{f_n\}_{n=1,2,\cdots}$ は

$$^\forall n \in \mathbb{N},\ 0 \le f_n \le f_{n+1} \tag{6.17}$$

をみたし，$\lim_{n \to \infty} f_n(x)$ が存在するとする．
(1)　$\mu(E) < \infty$ とする．このとき，

$$\exists \alpha > 0\ ;\ \lim_{n \to \infty} f_n \ge \alpha \tag{6.18}$$

ならば，

$$\lim_{n \to \infty} \int_E f_n(x)d\mu > \alpha\mu(E) \tag{6.19}$$

(2)　$E \in \mathcal{M}$ 上の単関数 $g(x) \ge 0$ に対して，

$$\lim_{n \to \infty} f_n \ge g \tag{6.20}$$

となるならば，

$$\lim_{n \to \infty} \int_E f_n(x)d\mu \ge \int_E g(x)d\mu \tag{6.21}$$

定理 6.5 の証明　仮定より，$^\forall n_0 \in \mathbb{N}$ に対して，

$$\lim_{n \to \infty} f_n(x) = \lim_{n \to \infty} g_n(x) \ge g_{n_0}(x)$$

$g_{n_0}(x)$ は単関数なので，命題 6.10 より，

$$\lim_{n \to \infty} \int_E f_n(x)d\mu \ge \int_E g_{n_0}(x)d\mu$$

これは $^\forall n_0 \in \mathbb{N}$ に対して成り立つので，

$$\lim_{n \to \infty} \int_E f_n(x)d\mu \ge \lim_{n_0 \to \infty} \int_E g_{n_0}(x)d\mu$$

f_n と g_n を入れ替えて同様のことを考えればよい.　■

命題 6.10 の証明　(1)　$0 < {}^\forall \varepsilon < \alpha$ に対して,

$$F_n := E(f_n(x) > \alpha - \varepsilon)$$

とする. (6.18) より,

$${}^\forall x \in E, \ \lim_{n \to \infty} f_n(x) \geq \alpha$$

であり, (6.17) より F_n は単調増加で, $\lim_{n \to \infty} F_n = E$. よって定理 3.6 より,

$$\lim_{n \to \infty} \mu(F_n) = \mu(E)$$

$\mu(E) < \infty$ より,

$$\lim_{n \to \infty} \mu(E \setminus F_n) = \mu(E) - \lim_{n \to \infty} \mu(F_n) = 0$$

であるから,

$$\exists n_0 \in \mathbb{N} \ ; \ {}^\forall n \geq n_0, \ \mu(E \setminus F_n) < \varepsilon$$

一方, 命題 5.2 より,

$$\begin{aligned}
\int_E f_n(x) d\mu &= \int_{F_n} f_n(x) d\mu + \int_{E \setminus F_n} f_n(x) d\mu \\
&\geq \int_{F_n} f_n(x) d\mu \\
&\geq (\alpha - \varepsilon) \mu(F_n)
\end{aligned}$$

であるが, $n \geq n_0$ に対して,

$$\begin{aligned}
(\alpha - \varepsilon) \mu(F_n) &= \alpha(\mu(E) - \mu(E \setminus F_n)) - \varepsilon \mu(F_n) \\
&> \alpha \mu(E) - \alpha \varepsilon - \varepsilon \mu(E)
\end{aligned}$$

よって

$$\lim_{n \to \infty} \int_E f_n(x) d\mu \geq \alpha \mu(E) - \varepsilon(\alpha + \mu(E))$$

$\varepsilon > 0$ を限りなく 0 に近づけることができるので, (6.19) が得られる.

(2) **ステップ 1** 命題 5.2 により，

$$\int_E g(x)d\mu = \int_{E(g(x)=0)} g(x)d\mu + \int_{E(g(x)>0)} g(x)d\mu$$
$$= \int_{E(g(x)>0)} g(x)d\mu$$
$$\int_E f_n(x)d\mu = \int_{E(g(x)=0)} f_n(x)d\mu + \int_{E(g(x)>0)} f_n(x)d\mu$$
$$\geq \int_{E(g(x)>0)} f_n(x)d\mu$$

よって

$$\lim_{n\to\infty} \int_{E(g(x)>0)} f_n(x)d\mu \geq \int_{E(g(x)>0)} g(x)d\mu$$

を示せば (6.21) が得られる．よって $g(x) > 0$ に対して，(6.21) を示せばよい．よって

$$g(x) = \sum_{k=1}^{m} a_k \chi_{E_k}, \quad 0 < a_1 < a_2 < \cdots < a_m$$

とする．$0 < a_1 \leq g(x) \leq a_m$ である．

ステップ 2 $\mu(E) < \infty$ のとき．

$$\hat{f}_n(x) := f_n(x) - g(x) + a_m$$

とすると，$\hat{f}_n(x)$ は単関数で，

$$^\forall n \in \mathbb{N}, \ 0 \leq \hat{f}_n \leq \hat{f}_{n+1}$$

をみたし，$\lim_{n\to\infty} \hat{f}_n \geq a_m$ をみたすので，(1) より，

$$\lim_{n\to\infty} \int_E \hat{f}_n(x)d\mu \geq a_m \mu(E)$$

が得られるので，命題 5.2 により，(6.21) が得られる．

ステップ 3 $\mu(E) = \infty$ のとき．$0 < ^\forall \varepsilon < a_1$ に対して，$(g - \varepsilon)(x) = g(x) - \varepsilon > 0$ は単関数．

$$\tilde{F}_n := E(f_n(x) > g(x) - \varepsilon)$$

とすると，(1) と同様に $\tilde{F}_n$ は単調増加で，

$$^{\forall}x \in E, \ \lim_{n \to \infty} f_n(x) \geq g(x)$$

より，$\lim_{n \to \infty} \tilde{F}_n = E$ となり，

$$\lim_{n \to \infty} \mu(\tilde{F}_n) = \mu(E)$$

よって，

$$
\begin{aligned}
\lim_{n \to \infty} \int_E f_n(x) d\mu &\geq \lim_{n \to \infty} \int_{\tilde{F}_n} f_n(x) d\mu \\
&\geq \lim_{n \to \infty} \int_{\tilde{F}_n} (g(x) - \varepsilon) d\mu \\
&\geq \lim_{n \to \infty} (a_1 - \varepsilon) \mu(\tilde{F}_n) \\
&= (a_1 - \varepsilon) \mu(E) = \infty
\end{aligned}
$$

より，(6.21) が得られる． ■

単関数列の極限の可測性

命題 6.11 $E \in \mathcal{M}$ 上の単関数列 $\{f_n(x)\}_{n=1,2,\dots}$ に対して，$\lim_{n \to \infty} f_n(x)$ が存在するならば，$\lim_{n \to \infty} f_n(x)$ は可測となる．

証明は次の定理 6.6 によって与えられる．なお，この命題により，命題 6.10 の $\lim_{n \to \infty} f_n(x)$ は可測関数であることがわかる．

6.5 可測関数列の極限の可測性

定理 6.6 $E \in \mathcal{M}$ 上で定義された関数列 $\{f_n(x)\}_{n=1,2,\dots}$ が，すべての $n \in \mathbb{N}$ について，$f_n(x)$ が可測関数であるとする．このとき $\lim_{n \to \infty} f_n(x)$ が存在するならば，$\lim_{n \to \infty} f_n(x)$ は可測となる．

　連続関数列の極限関数は連続関数とは限らないし，リーマン積分可能関数列の極限関数はリーマン積分可能とは限らない，ということがリーマン積分の問題点の 1 つだった．定理 6.6 はルベーグ積分可能関数列の極限関数に対して，ルベーグ積分を考えるための基礎を与えるものである．

　以下は定理 6.6 の証明のための議論となる．

――――――――――――――――――――――――――― **関数列の上極限と下極限**

$$h(x) := \sup_{n \in \mathbb{N}} f_n(x) = \sup\{f_1(x), f_2(x), \cdots\} \tag{6.22}$$

は x をとめるごとに，数列の sup として考えられる．これは図 6.8 の $h(x)$ と同様に，可算無限個の関数に対して $\sup_{n \in \mathbb{N}} f_n(x)$ を考えるものである[*7].

$$\sup_{n \in \mathbb{N}} f_n \geq \sup_{n \geq 2} f_n \geq \sup_{n \geq 3} f_n \geq \cdots$$

に注意する．

$$k(x) := \inf_{n \in \mathbb{N}} f_n(x) = \inf\{f_1(x), f_2(x), \cdots\} \tag{6.23}$$

についても同様であり，

$$\inf_{n \in \mathbb{N}} f_n \leq \inf_{n \geq 2} f_n \leq \inf_{n \geq 3} f_n \leq \cdots$$

である．

定義 6.3　関数列 $\{f_n(x)\}_{n=1,2,\cdots}$ に対して，

$$\begin{aligned}
\varlimsup_{n \to \infty} f_n(x) &:= \lim_{n \to \infty} \sup_{k \geq n} f_k(x) \\
\varliminf_{n \to \infty} f_n(x) &:= \lim_{n \to \infty} \inf_{k \geq n} f_k(x)
\end{aligned} \tag{6.24}$$

をそれぞれ $f_n(x)$ の上極限関数，下極限関数という．これは定義域の任意の点 x を定めると，数列の上極限，下極限となることより，$\varlimsup_{n \to \infty} f_n(x)$, $\varliminf_{n \to \infty} f_n(x)$ は必ず存在する．$\lim_{n \to \infty} f_n(x)$ が存在するときは，

――――――――――

[*7]　図 6.8 では max を考えたが，sup を考えることとなる．

$$\varliminf_{n \to \infty} f_n = \lim_{n \to \infty} f_n = \varlimsup_{n \to \infty} f_n \tag{6.25}$$

が成り立つ. 逆に, $\lim_{n \to \infty} f_n(x)$ の存在が不明のとき,

$$\varliminf_{n \to \infty} f_n = \varlimsup_{n \to \infty} f_n \tag{6.26}$$

が成り立てば, $\lim_{n \to \infty} f(x)$ の存在が得られ, (6.25) が成り立つ.

例 6.11 $f_n(x) = (-1)^n \sin\left(x + \dfrac{\pi}{n}\right)$ に対して,

$$\varlimsup_{n \to \infty} f_n(x) = |\sin x|, \quad \varliminf_{n \to \infty} f_n(x) = -|\sin x| \qquad \diamondsuit$$

命題 6.12 $\{f_n\}_{n=1,2,\cdots}$ が可測ならば,

$$\sup_{n \in \mathbb{N}} f_n(x), \quad \inf_{n \in \mathbb{N}} f_n(x), \quad \varlimsup_{n \to \infty} f_n(x), \quad \varliminf_{n \to \infty} f_n(x)$$

は可測である.

　定理 6.6 は, 命題 6.12 と (6.25) より与えられる.

命題 6.12 の証明　(6.22) の $h(x)$ に対して,

$$E(h(x) > a) = \bigcup_{n=1}^{\infty} E(f_n(x) > a) \in \mathcal{M}$$

よって, $h(x)$ は可測. 同様に, (6.23) の $k(x)$ に対して,

$$k(x) = -\sup\{-f_1(x), -f_2(x), \cdots\}$$

となることより, $k(x)$ も可測である. 同様に, $h_n(x) := \sup_{i \geq n} f_i(x)$ は可測.

$$\forall n \in \mathbb{N}, \ h_n \geq h_{n+1}$$

であるので, (6.24) より,

$$\varlimsup_{n \to \infty} f_n(x) = \lim_{n \to \infty} h_n(x) = \inf_n h_n(x)$$

よって同様に, $\varlimsup_{n \to \infty} f_n(x), \varliminf_{n \to \infty} f_n(x)$ は可測. ∎

6.6 合成関数の可測性について

$y = f(x)$, $z = g(y)$ がともに $\mathbb{R}$ で可測なら,合成関数 $z = g(f(x))$ は $\mathbb{R}$ で可測かというと必ずしもそうではない. f, g が可測ということより,

$$^{\forall}a \in \mathbb{R}, \ \mathbb{R}(f(x) > a) \in \mathcal{M}$$

$$^{\forall}b \in \mathbb{R}, \ \mathbb{R}(g(y) > b) \in \mathcal{M}$$

となるが,z 軸の区間 (b, ∞) の g による逆像 $\mathbb{R}(g(y) > b)$ に対して,$\mathbb{R}(g(y) > b)$ の f による逆像

$$\{x \in \mathbb{R} \mid f(x) \in \mathbb{R}(g(y) > b)\}$$

が x 軸で可測であるためには,$\mathbb{R}(g(y) > b)$ が y 軸上でボレル集合でなくてはならない.

第7章

可測関数の連続性

　次章ではいよいよルベーグ積分を定義していく．ルベーグ積分は可測関数に対して定義される．そもそもリーマン積分は連続関数に関しては十分機能したが，不連続関数に対しては新たな積分が必要になった．連続ではないが可測な関数にはルベーグ積分が適用でき，さらに可測でない関数にはルベーグ積分も適用できないのならば，可測関数はどのような連続性の性質をもっているのだろうか．ここでは可測関数の連続性を考察する[*1]．

7.1 関数の相対位相での連続性

　以下では，可測集合上で定義された関数の連続性を考察するために，関数の相対位相での連続性について述べる．

定義 7.1 $B \subset A \subset \mathbb{R}$ とする．関数 $f: A \longrightarrow \bar{\mathbb{R}}$ に対して，関数 $f|_B: B \longrightarrow \bar{\mathbb{R}}$ を

$$^{\forall}x \in B, \ f|_B(x) := f(x) \tag{7.1}$$

とするとき，$f|_B$ を f の B への制限という．

　$x_0 \in \mathbb{R}$ の δ 近傍 $(\delta > 0)$ を $U(x_0, \delta)$ で表す．すなわち，

[*1]　本章の議論を抜きにして，ルベーグ積分を定義していくことができるので，本章を後回しにしてもよい．

$$U(x_0, \delta) = \{x \in \mathbb{R} \mid |x - x_0| < \delta\}$$

とする.

定義 7.2 $A \subset \mathbb{R}$ とする. 関数 $f: A \longrightarrow \bar{\mathbb{R}}$ に対して,

(1) $f(x)$ が $x = x_0 \in A$ で連続であるとは,

(i) $f(x_0) \in \mathbb{R}$ のとき,

$$^\forall \varepsilon > 0,\ \exists \delta > 0\ ;$$

$$^\forall x \in A \cap U(x_0, \delta),\ |f(x) - f(x_0)| < \varepsilon$$

(ii) $f(x_0) = +\infty$ のとき,

$$^\forall M > 0,\ \exists \delta > 0\ ;$$

$$^\forall x \in A \cap U(x_0, \delta),\ f(x) > M$$

(iii) $f(x_0) = -\infty$ のとき,

$$^\forall M > 0,\ \exists \delta > 0\ ;$$

$$^\forall x \in A \cap U(x_0, \delta),\ f(x) < -M$$

(2) $f(x)$ が $^\forall x_0 \in A$ で連続であるとき, $f(x)$ は A で連続であるという.

例 7.1
$$f(x) = \begin{cases} \dfrac{1}{|x|}, & x \neq 0 \\ +\infty, & x = 0 \end{cases}$$

は $\mathbb{R}$ で連続. ◇

例 7.2 ディリクレ (Dirichlet) の関数

$$f(x) = \begin{cases} 1, & x \in \mathbb{Q} \\ 0, & x \notin \mathbb{Q} \end{cases} \tag{7.2}$$

に対して, $f|_{\mathbb{Q}}$ は $\mathbb{Q}$ で連続, $f|_{\mathbb{Q}^c}$ は $\mathbb{Q}^c$ で連続. しかし, f は $^\forall x \in \mathbb{R} = \mathbb{Q} \cup \mathbb{Q}^c$ で不連続.

このように，互いに素な集合 A, B に制限したとき，連続となる関数が，$A \cup B$ で連続とは限らない．言い換えると，$f : A \longrightarrow \bar{\mathbb{R}}$ が A で連続であるとき，$A \subset C$ に対して，$\hat{f} : C \longrightarrow \bar{\mathbb{R}}$ が

$$^{\forall}x \in A, \ \hat{f}(x) = f(x)$$

のとき，$\hat{f}|_A$ は A で連続であっても，$\hat{f}$ は A で連続であるとは限らない．すなわち，

$$^{\forall}x_0 \in A, \ ^{\forall}\varepsilon > 0, \ \exists \delta > 0 \ ;$$

$$^{\forall}x \in A \cap U(x_0, \delta), \ |\hat{f}|_A(x) - \hat{f}|_A(x_0)| = |f(x) - f(x_0)| < \varepsilon$$

は成り立っても，

$$^{\forall}x_0 \in A, \ ^{\forall}\varepsilon > 0, \ \exists \delta > 0 \ ;$$

$$^{\forall}x \in C \cap U(x_0, \delta), \ |\hat{f}(x) - \hat{f}(x_0)| = |\hat{f}(x) - f(x_0)| < \varepsilon$$

は成り立つとは限らない．　◇

命題 7.1　$F_1, F_2 \subset \mathbb{R}$ は $F_1 \cap F_2 = \emptyset$ とする．$F = F_1 \cup F_2$ 上の関数 $f(x)$ は各 $F_k \ (k = 1, 2)$ で $f|_{F_k}$ が連続であるとする．このとき，F_1, F_2 が閉集合ならば，f は F で連続である．

証明　$^{\forall}x_0 \in F$ に対して，$x_0 \in F_k$ となる F_k がただ 1 つ存在する．$x_0 \in F_1$ とする．$f|_{F_1}$ は F_1 で連続なので，

$$^{\forall}\varepsilon > 0, \ \exists \delta > 0 \ ;$$

$$^{\forall}x \in U(x_0, \delta) \cap F_1, \ |f(x) - f(x_0)| < \varepsilon$$

F_2 は閉集合であり，x_0 を含まないので，

$$\exists \delta' > 0 \ ; \ U(x_0, \delta') \cap F_2 = \emptyset$$

よって $\bar{\delta} := \min\{\delta, \delta'\}$ に対して，

$$^{\forall}x \in U(x_0, \bar{\delta}) \cap F = U(x_0, \bar{\delta}) \cap F_1,$$

$$|f(x) - f(x_0)| < \varepsilon \qquad \blacksquare$$

例 7.2 では，$^\forall x_0 \in \mathbb{Q}$ に対して，

$$^\forall \delta > 0, \ U(x_0, \delta) \cap \mathbb{Q}^c \neq \emptyset$$

$^\forall x_0 \in \mathbb{Q}^c$ に対して，

$$^\forall \delta > 0, \ U(x_0, \delta) \cap \mathbb{Q} \neq \emptyset$$

となり，$\mathbb{R}$ で連続とはならない．

命題 7.2　$E \in \mathcal{M}$ 上の連続関数は可測である．

証明　$f(x)$ が距離空間 $\mathbb{R}$ の部分空間 E から距離空間 $\mathbb{R}$ への連続写像ならば，$E(f(x) > a)$ は $\mathbb{R}$ の開集合と E との共通部分で与えられる．

別証　$f(x)$ は E 上の連続関数とする．$^\forall a \in \mathbb{R}$ に対して $E(f(x) > a)$ が可測であることを示す．$f(x)$ は $^\forall x_0 \in E(f(x) > a)$ で連続であるから，

$$\exists \delta(x_0) > 0 \ ;$$
$$^\forall x \in E \cap U(x_0, \delta(x_0)), \ f(x) > a \quad ^{*2}$$

すなわち

$$E \cap U(x_0, \delta(x_0)) \subset E(f(x) > a)$$

となるような $\delta(x_0) > 0$ が存在する．よって

$$\bigcup_{x_0 \in E(f(x)>a)} E \cap U(x_0, \delta(x_0))$$
$$= E \cap \bigcup_{x_0 \in E(f(x)>a)} U(x_0, \delta(x_0))$$
$$\subset E(f(x) > a)$$

明らかに逆の包含関係も成り立つので，

$$E(f(x) > a) = E \cap \bigcup_{x_0 \in E(f(x)>a)} U(x_0, \delta(x_0))$$

---

*2　[8, 命題 3.6].

ここで，開区間の和集合

$$\bigcup_{x_0 \in E(f(x)>a)} U(x_0, \delta(x_0))$$

は開集合であるから $E(f(x) > a)$ は可測である．　■

7.2　エゴロフの定理

> **定理 7.1**（エゴロフ (Egorov) の定理）　$E \in \mathcal{M}$ は $\mu(E) < \infty$ であるとする．E 上で定義された可測関数列 $\{f_n(x)\}_{n=1,2,\cdots}$ に対して，極限関数 $f(x) = \lim_{n \to \infty} f_n(x)$ が存在するとする．$f_n(x)$, $f(x)$ は E 上で有限であるとする．このとき，$^\forall \varepsilon > 0$ に対して，$F \in \mathcal{M}$；
>
> $$F \subset E, \quad \mu(E \setminus F) < \varepsilon$$
>
> が存在して，$f_n(x)$ は $f(x)$ に F 上で一様収束する．特に F は有界な閉集合としてとれる．

証明の前に例を見てみよう．

例 **7.3**　有界区間上の有限な連続関数列 $\{f_n(x)\}_{n=1,2,\cdots}$ と有限な極限関数 $f(x) = \lim_{n \to \infty} f_n(x)$ に対して，エゴロフの定理を考えると，
(1)　$[0,1]$ で $f_n(x) = x^n$ を考える．$^\forall m \in \mathbb{N}$ に対して，$f_n(x)$ は $f(x) = 0$ に $\left[0, 1 - \dfrac{1}{m}\right]$ で一様収束する．
(2)　$0 \le x \le 2$ で

$$\tilde{g}_n(x) = \begin{cases} n^2 x, & 0 \le x \le \dfrac{1}{n} \\ -n^2 x + 2n, & \dfrac{1}{n} < x < \dfrac{2}{n} \\ 0, & \dfrac{2}{n} \le x \le 2 \end{cases} \tag{7.3}$$

とする（図 7.1）．
　$\tilde{g}_n(x)$ はすべての x について有限だが，n について有界ではない．しかし

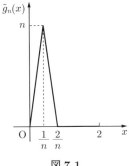

図 **7.1**

$\lim_{n \to \infty} \tilde{g}_n(x) = 0$ は有限である.

$$\int_0^2 \lim_{n \to \infty} \tilde{g}_n(x)dx \neq \lim_{n \to \infty} \int_0^2 \tilde{g}_n(x)dx$$

だが, $\forall m \in \mathbb{N}$ に対して, $\tilde{g}_n(x)$ は $f(x) = 0$ に $\left[\dfrac{1}{m}, 2\right]$ で一様収束するので,

$$\int_{\frac{1}{m}}^2 \lim_{n \to \infty} \tilde{g}_n(x)dx = \lim_{n \to \infty} \int_{\frac{1}{m}}^2 \tilde{g}_n(x)dx$$

(3) $\mu(E) = \infty$ のときの反例.

$$\bar{g}_n(x) = \begin{cases} \dfrac{1}{n}|x|, & |x| \leq n \\ 1, & |x| > n \end{cases} \tag{7.4}$$

とすると, $\lim_{n \to \infty} \bar{g}_n(x) = 0$ であるが, $F \subset \mathbb{R}$, $\mu(\mathbb{R} \setminus F) < \varepsilon$ となる F 上で $\bar{g}_n(x)$ が 0 に一様収束するような F はとれない (図 7.2). ◇

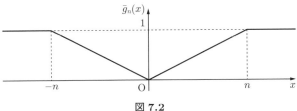

図 **7.2**

定理 7.1 の証明のために以下の命題を用意する.

> **命題 7.3**　$E \in \mathcal{M}$ は $\mu(E) < \infty$ であるとする. E 上で定義された可測関数列 $\{f_n(x)\}_{n=1,2,\cdots}$ に対して, 極限関数 $f(x) = \lim\limits_{n \to \infty} f_n(x)$ が存在するとする. $f_n(x)$, $f(x)$ は E 上で有限であるとする. このとき, $^\forall \varepsilon > 0$ に対して, 以下のような単調増加集合列 $A_n(\varepsilon) \in \mathcal{M}$ が存在する.
>
> $$\lim_{n \to \infty} A_n(\varepsilon) = E \tag{7.5}$$
>
> $$\exists N_\varepsilon \in \mathbb{N} \,;\, {}^\forall x \in A_{N_\varepsilon}(\varepsilon), \, {}^\forall n \geq N_\varepsilon, \, |f_n(x) - f(x)| < \varepsilon \tag{7.6}$$

証明

$$A_n(\varepsilon) = \bigcap_{k=n}^{\infty} E(|f_k - f| < \varepsilon) \in \mathcal{M} \tag{7.7}$$

とする. $A_n(\varepsilon)$ は n について単調増加.

$$x \in E \,\wedge\, |f_n(x) - f(x)| < \varepsilon \iff x \in E(|f_n - f| < \varepsilon)$$

に注意すると (図 7.3), $^\forall x \in E$ に対して,

$$f(x) = \lim_{n \to \infty} f_n(x)$$
$$\iff {}^\forall \varepsilon > 0, \, \exists N_\varepsilon \in \mathbb{N} \,;\, x \in A_{N_\varepsilon}(\varepsilon)$$

よって,

$$E \subset \bigcup_{n=1}^{\infty} A_n(\varepsilon) = \lim_{n \to \infty} A_n(\varepsilon)$$

逆の包含関係は明らか. ∎

例 7.4　$E = [0, 1)$, $f_n(x) = x^n$, $f(x) = 0$ に対して, $A_n(\varepsilon) = \bigcap_{k=n}^{\infty} E(x^k < \varepsilon) = \bigcap_{k=n}^{\infty} [0, \varepsilon^{\frac{1}{k}}) = [0, \varepsilon^{\frac{1}{n}})$ で, $\lim\limits_{n \to \infty} A_n(\varepsilon) = E = [0, 1)$. ◇

定理 7.1 の証明　命題 7.3 において,

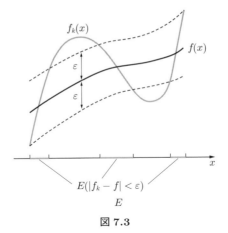

図 7.3

$$\lim_{n \to \infty} \mu(A_n(\varepsilon)) = \mu(E) < \infty$$

であるから,

$$\lim_{n \to \infty} \mu(E \setminus A_n(\varepsilon)) = \lim_{n \to \infty} (\mu(E) - \mu(A_n(\varepsilon))) = 0$$

よって

$$^\forall \varepsilon' > 0, \ \exists N_{\varepsilon'} \in \mathbb{N} \ ; \ \mu(E \setminus A_{N_{\varepsilon'}}(\varepsilon)) < \varepsilon'$$

よって $A_{n,m} := A_n \left(\dfrac{1}{m} \right)$ とすると,

$$^\forall \varepsilon > 0, \ ^\forall m \in \mathbb{N}, \ \exists N_m(\varepsilon) \ ;$$

$$\mu(E \setminus A_{N_m(\varepsilon),m}) < \frac{\varepsilon}{2^m}$$

ここで

$$A = \bigcap_{m=1}^{\infty} A_{N_m(\varepsilon),m} = \bigcap_{m=1}^{\infty} \left(\bigcap_{k=N_m(\varepsilon)}^{\infty} E \left(|f_k - f| < \frac{1}{m} \right) \right)$$

とおくと,

$$^\forall m \in \mathbb{N},\ \exists N_m(\varepsilon)\ ;$$

$$^\forall x \in A,\ ^\forall k \geq N_m(\varepsilon),\ |f_k(x) - f(x)| < \frac{1}{m}$$

より，$f_n(x)$ は $f(x)$ に A 上で一様収束する．また

$$\mu(E \setminus A) = \mu\left(E \setminus \bigcap_{m=1}^{\infty} A_{N_m(\varepsilon),m} \right)$$

$$= \mu\left(\bigcup_{m=1}^{\infty} (E \setminus A_{N_m(\varepsilon),m}) \right)$$

$$< \sum_{m=1}^{\infty} \frac{\varepsilon}{2^m} = \varepsilon$$

定理 4.3 によって，$\varepsilon - \mu(E \setminus A) > 0$ に対して有界閉集合 $F \subset A$;

$$\mu(A \setminus F) < \varepsilon - \mu(E \setminus A)$$

が存在する．ここで

$$\mu(E \setminus F) = \mu(E) - \mu(A) + \mu(A) - \mu(F)$$

$$= \mu(E \setminus A) + \mu(A \setminus F) < \varepsilon \qquad ■$$

7.3　ルジンの定理

定理 7.2　$E \in \mathcal{M}$ は $\mu(E) < \infty$ とする．$f(x)$ は E 上の単関数とする，すなわち，

$$E = \bigcup_{k=1}^{n} E_k, \quad E_k \in \mathcal{M}, \quad E_i \cap E_j = \emptyset\ (i \neq j) \qquad (7.8)$$

$$f(x) = \sum_{k=1}^{n} a_k \chi_{E_k}, \quad a_1, a_2, \cdots, a_n \in \mathbb{R} \qquad (7.9)$$

とする．このとき，$^\forall \varepsilon > 0$ に対して，閉集合 $F^\varepsilon \subset E$;

$$\mu(E) - \varepsilon < \mu(F^\varepsilon) \leq \mu(E)$$

が存在して, $f|_{F^\varepsilon}$ は F^ε で連続である.

証明 $\forall \varepsilon > 0$ に対して, 閉集合 $F_k^\varepsilon \subset E_k$;

$$\mu(E_k) - \varepsilon < \mu(F_k^\varepsilon) < \mu(E_k)$$

が存在するので, 命題 7.1 より

$$F^\varepsilon := \bigcup_{k=1}^{n} F_k^\varepsilon$$

で $f|_{F^\varepsilon}$ は連続. ■

例 7.5 $f(x)$ を $[a,b]$ 上のディリクレの関数 (7.2) とする. $\forall \varepsilon > 0$ に対して, 2 つの閉集合 $F_1 \subset \mathbb{Q} \cap [a,b]$, $F_2 \subset \mathbb{Q}^c \cap [a,b]$ が存在して, $f|_{F_1 \cup F_2}$ は $F_1 \cup F_2$ で連続で, $\mu([a,b] \setminus (F_1 \cup F_2)) < \varepsilon$. ◇

定理 7.1 より次の定理が得られる.

定理 7.3 (ルジン (Luzin) の定理) $\quad \mu(E) < \infty$ とする. $f(x)$ は E 上の有限な可測関数とする. このとき, $\forall \varepsilon > 0$ に対して, 次のような閉集合 F_ε が存在して $f|_{F_\varepsilon}$ は F_ε で連続である.

$$\begin{aligned} F_\varepsilon &\subset E, \\ \mu(E) - \varepsilon &< \mu(F_\varepsilon) \leq \mu(E) \end{aligned} \tag{7.10}$$

証明 (i) $f(x) \geq 0$ のとき.

(6.13) をみたす単関数列 $\{f_n\}_{n=1,2,\cdots}$ が存在する. 定理 7.2 より, $\forall \varepsilon > 0$ に対して, 閉集合 $F_n^\varepsilon \subset E$;

$$\mu(E) - \frac{\varepsilon}{2^{n+1}} < \mu(F_n^\varepsilon) \leq \mu(E)$$

が存在して, $f_n|_{F_n^\varepsilon}$ は F_n^ε で連続である.

$$\tilde{F}^\varepsilon := \bigcap_{n=1}^{\infty} F_n^\varepsilon$$

で $f_n|_{\tilde{F}^\varepsilon}$ $(n = 1, 2, \cdots)$ は連続で,

$$E \setminus \tilde{F}^\varepsilon = E \cap \bigcup_{n=1}^{\infty} (F_n^\varepsilon)^c = \bigcup_{n=1}^{\infty} (E \setminus \tilde{F}_n^\varepsilon)$$

$$\mu(E \setminus \tilde{F}^\varepsilon) \leq \sum_{n=1}^{\infty} \mu(E \setminus \tilde{F}_n^\varepsilon) < \sum_{n=1}^{\infty} \frac{\varepsilon}{2^{n+1}} = \frac{\varepsilon}{2}$$

エゴロフの定理より，閉集合

$$F_\varepsilon \subset \tilde{F}^\varepsilon \ ; \ \mu(\tilde{F}^\varepsilon \setminus F_\varepsilon) < \frac{\varepsilon}{2}$$

が存在して，F_ε で f_n は f に一様収束する．$f_n|_{F_\varepsilon}$ は F_ε で連続であるので，$f|_{F_\varepsilon}$ も F_ε で連続．ここで，

$$\mu(E \setminus F_\varepsilon) \leq \mu(E \setminus \tilde{F}^\varepsilon) + \mu(\tilde{F}^\varepsilon \setminus F_\varepsilon) < \varepsilon$$

(ii)　一般の場合．f^+, f^- は可測なので，(i) により，$^\forall \varepsilon > 0$ に対して，閉集合 F_1, F_2 が存在して，F_1 では $f^+|_{F_1}$ が連続，F_2 では $f^-|_{F_2}$ が連続で，

$$F_i \subset E, \quad \mu(E \setminus F_i) < \frac{\varepsilon}{2} \qquad (i = 1, 2)$$

とできる．よって閉集合 $F = F_1 \cap F_2$ で

$$f|_F = (f^+ - f^-)|_F$$

は連続で，

$$F \subset E,$$

$$\mu(E \setminus F) = \mu(E \setminus (F_1 \cap F_2)) \leq \mu(E \setminus F_1) + \mu(E \setminus F_2) < \varepsilon \qquad ■$$

定理 7.4（ルジンの定理の逆）　$\mu(E) < \infty$ とする．$f(x)$ は E 上の関数とする．$^\forall \varepsilon > 0$ に対して，(7.10) をみたす閉集合 F_ε が存在して，F_ε で $f|_{F_\varepsilon}$ が連続となるならば $f(x)$ は E で可測である．

証明　仮定により，$^\forall n \in \mathbb{N}$ に対して，閉集合 $F_n \subset E$ が存在して

$$\mu(E \setminus F_n) < \frac{1}{2^n}$$

とできる．

$$N := E \setminus \bigcup_{n=1}^{\infty} F_n = \bigcap_{n=1}^{\infty} (E \setminus F_n)$$

とすると, $^\forall n \in \mathbb{N}$ に対して,

$$\mu(N) \leq \mu(E \setminus F_n) < \frac{1}{2^n}$$

すなわち $\mu(N) = 0$.

$$E = \left(\bigcup_{n=1}^{\infty} F_n \right) \cup N$$

であるから, $^\forall a \in \mathbb{R}$ に対して,

$$E(f(x) > a) = \left(\bigcup_{n=1}^{\infty} F_n(f(x) > a) \right) \cup N(f(x) > a)$$

ここで $N(f(x) > a)$ は零集合で可測. また可測集合上の連続関数は可測なので, $F_n(f(x) > a)$ も可測. よって $E(f(x) > a)$ は可測. ∎

　ルジンの定理の逆の利用例として, 次の定理 7.5 を述べる. 以下の証明では定理 8.9 を利用している. なお, 定理 7.5 の証明は定理 8.8 の証明によっても与えられる.

▎**定理 7.5**　区間 $[a, b]$ 上の有界なリーマン積分可能な関数は可測である.

証明　リーマン積分可能な関数 $f(x)$ はほとんどいたるところ連続であるから (定理 8.9), $f(x)$ の不連続点の集合 N に対して, $\mu(N) = 0$. $E := [a, b] \setminus N$ に対して, 定理 4.3(1) を適用すると,

$$^\forall \varepsilon > 0, \exists 有界閉集合 F \subset E ; \mu(E \setminus F) < \varepsilon$$

が成り立つ. $\mu([a, b]) - \mu(F) < \varepsilon$ であるから, ルジンの定理の逆より, $f(x)$ は $[a, b]$ で可測である. ∎

　しかし, 区間 $[a, b]$ 上の有限な可測関数はリーマン積分可能とは限らない (ディリクレの関数).

Ⅲ

ルベーグ積分

第8章

ルベーグ積分

　ここでは可測関数に対してルベーグ積分を定義し，その性質を考察するが，これらは単関数の積分が基礎となっている．またリーマン積分とルベーグ積分の関係を考察する．

8.1　ルベーグ積分の定義

　定理 6.4，定理 6.5 より，積分の定義を以下のように与える．

定義 8.1　$E \in \mathcal{M}$ 上の可測関数 $f(x)$ が非負，すなわち

$$^\forall x \in E, \ f(x) \geq 0$$

であるとする．単調増加単関数列 $\{f_n(x)\}_{n=1,2,\cdots}$ は

$$f_n(x) \geq 0, \ \text{in} \ E$$

$$^\forall x \in E, \ \lim_{n \to \infty} f_n(x) = f(x)$$

をみたすとする．このとき，

$$\int_E f(x) d\mu := \lim_{n \to \infty} L(f_n, E) \tag{8.1}$$

を $f(x)$ の E 上のルベーグ (Lebesgue) 積分という．

　なお，(8.1) の右辺の $L(f_n, E)$ は単調増加数列なので，(8.1) の右辺の極限

は存在する. ただし, 極限値は ∞ もとりうる. また, $f(x)$ が非負単関数であるときは,

$$^\forall n \in \mathbb{N}, \ f_n(x) := f(x)$$

とすると,

$$\int_E f(x)d\mu = \lim_{n \to \infty} L(f_n, E) = L(f, E)$$

となることより, 第 6 章と同様, 非負単関数 $f(x)$ の積分を $\displaystyle\int_E f(x)d\mu$ で表す.

> **定理 8.1** $E \in \mathcal{M}$ 上の非負可測関数 $f(x), g(x)$ に対して,
>
> (1)
> $$\int_E (f + g)(x)d\mu = \int_E f(x)d\mu + \int_E g(x)d\mu \tag{8.2}$$
>
> (2) $A, B \in \mathcal{M}, \ A \cup B \subset E, \ A \cap B = \emptyset$ のとき,
> $$\int_{A \cup B} f(x)d\mu = \int_A f(x)d\mu + \int_B f(x)d\mu$$
>
> が成り立つ.

証明 (1)
$$h(x) := f(x) + g(x)$$

とすると, $h(x)$ は可測関数. 非負単調増加単関数列 $\{f_n(x)\}_{n=1,2,\cdots}$, $\{g_n(x)\}_{n=1,2,\cdots}$ で,

$$\lim_{n \to \infty} f_n(x) = f(x), \qquad \lim_{n \to \infty} g_n(x) = g(x)$$

をみたすものが存在する.

$$h_n(x) := f_n(x) + g_n(x)$$

は非負単調増加単関数列で, $\displaystyle\lim_{n \to \infty} h_n(x) = h(x)$ をみたす. よって, (8.2) の左辺は

$$\int_E (f + g)(x)d\mu = \lim_{n \to \infty} L(h_n, E)$$

で与えられる. 一方, 命題 5.2 より,

$$L(h_n, E) = L(f_n, E) + L(g_n, E)$$

であるので,

$$\lim_{n\to\infty} L(h_n, E) = \lim_{n\to\infty} L(f_n, E) + \lim_{n\to\infty} L(g_n, E)$$
$$= \int_E f(x)d\mu + \int_E g(x)d\mu$$

(2) も, (5.11) より (1) と同様に証明される. ■

以下, 関数の定義域, 積分領域は常に可測集合であるとする.

以下では, $^\forall x \in E,\ f(x) \geq 0$ とは限らない可測関数 $f(x)$ に対して, 積分を定義したい.

定義 8.2　(1)　E 上 の 可 測 関 数 $f(x)$ に 対 し て, (6.10) に お い て $f^+(x), f^-(x) \geq 0$ であるので,

$$\int_E f^+(x)d\mu, \qquad \int_E f^-(x)d\mu$$

は定義 8.1 によって定義される.

$$\int_E f^+(x)d\mu < \infty \ \wedge \ \int_E f^-(x)d\mu < \infty \tag{8.3}$$

のとき, $f(x)$ は E でルベーグ (Lebesgue) 積分可能であるといい,

$$\int_E f(x)d\mu := \int_E f^+(x)d\mu - \int_E f^-(x)d\mu \tag{8.4}$$

で $f(x)$ のルベーグ積分を定義し, その積分値を $f(x)$ の E 上の定積分という.

(2)　$$\int_E f^+(x)d\mu < \infty \ \vee \ \int_E f^-(x)d\mu < \infty$$

のとき, $f(x)$ は E で定積分をもつという. このときも (8.4) を $f(x)$ の E 上の定積分という. このとき定積分は有限とは限らない.

> ルベーグ積分の理論構成上, 定理 3.4 と定理 6.4 が最も本質的である.

以下, 「ルベーグ積分可能」をしばしば単に「積分可能」あるいは「可積分」

という.

8.2 ルベーグ積分の基本性質

定理 8.2 (1) $f(x)$ が E 上でルベーグ積分可能であるとき, $|f|(x)$ も積分可能となり,

$$\left|\int_E f(x)d\mu\right| \le \int_E |f|(x)d\mu$$

(2) $\mu(E) = 0$ ならば任意の可測関数 $f(x)$ に対して

$$\int_E f(x)d\mu = 0$$

証明 (1) $f(x)$ が E 上でルベーグ積分可能であるとき,

$$|f|^+ = f^+ + f^-, \quad |f|^- \equiv 0$$

および (8.2),(8.3) より,

$$\int_E |f|^+(x)d\mu = \int_E f^+(x)d\mu + \int_E f^-(x)d\mu < \infty \ \wedge \ \int_E |f|^-(x)d\mu = 0$$

となり, $|f|(x)$ も積分可能. (8.2) より

$$\left|\int_E f(x)d\mu\right| = \left|\int_E f^+(x)d\mu - \int_E f^-(x)d\mu\right|$$
$$\le \int_E f^+(x)d\mu + \int_E f^-(x)d\mu$$
$$= \int_E |f(x)|d\mu$$

(2) $\mu(E) = 0$ ならば, E 上の任意の単関数の積分は 0. よって, 定義 8.1 より, 任意の可測関数 $f(x)$ に対して $\int_E f(x)d\mu = 0$. ∎

定理 8.3 (1) $E = A \cup B, \ A \cap B = \emptyset$ とする.

(i) $f(x)$ が A, B 上で積分可能ならば, $f(x)$ は E 上で積分可能で,

$$\int_E f(x)d\mu = \int_A f(x)d\mu + \int_B f(x)d\mu \tag{8.5}$$

が成り立つ.

(ii)　$f(x)$ が E 上で積分可能ならば, $f(x)$ は A, B 上で積分可能で, (8.5) が成り立つ[*1].

(2)　$f(x)$ が E 上で積分可能ならば, $A \subset E$ に対して $f(x)$ は A 上で積分可能で, 特に E で $f(x) \geq 0$ ならば,

$$\int_A f(x)d\mu \leq \int_E f(x)d\mu < \infty \tag{8.6}$$

が成り立つ.

証明　(1)　(i)　定理 8.1(2) より

$$\int_E f^+(x)d\mu = \int_A f^+(x)d\mu + \int_B f^+(x)d\mu,$$
$$\int_E f^-(x)d\mu = \int_A f^-(x)d\mu + \int_B f^-(x)d\mu \tag{8.7}$$

ここで, 2 つの上式の右辺の各項は有限である. よって, 定義 8.2 より, $f(x)$ は E で積分可能である. (8.7) より,

$$\begin{aligned}
\int_E f(x)d\mu &= \int_E f^+(x)d\mu - \int_E f^-(x)d\mu \\
&= \int_A f^+(x)d\mu - \int_A f^-(x)d\mu + \int_B f^+(x)d\mu - \int_B f^-(x)d\mu \\
&= \int_A f(x)d\mu + \int_B f(x)d\mu
\end{aligned}$$

(ii)　(8.7) の各左辺は有限なので, 右辺の各項も有限である.

(2)　(1) より $f(x)$ は A で積分可能で,

$$\int_E f(x)d\mu = \int_A f(x)d\mu + \int_{E \setminus A} f(x)d\mu$$

で, $\displaystyle\int_{E \setminus A} f(x)d\mu \geq 0$ より, (8.6) が成り立つ.　■

―――――――――――――――――――――――――――― **積分の線形性**

命題 8.1　(1)　$f(x)$ が E 上でルベーグ積分可能であるとき, $(-f)(x)$ も積

――――――――――――

[*1]　定理 9.2 のように拡張される.

分可能となり，

$$\int_E (-f)(x)d\mu = -\int_E f(x)d\mu \tag{8.8}$$

(2) $f(x), g(x)$ が E 上でルベーグ積分可能で，非負であるとき，$(f-g)(x)$ も積分可能となり，

$$\int_E (f-g)(x)d\mu = \int_E f(x)d\mu - \int_E g(x)d\mu \tag{8.9}$$

証明 (1)

$$\int_E (-f)(x)d\mu = \int_E (-f)^+(x)d\mu - \int_E (-f)^-(x)d\mu$$
$$= \int_E f^-(x)d\mu - \int_E f^+(x)d\mu = -\int_E f(x)d\mu$$

(2)
$$E = E(f(x) \geq g(x)) \cup E(f(x) < g(x))$$
$$=: E_1 \cup E_2, \quad E_1 \cap E_2 = \emptyset \tag{8.10}$$

とおく．

$$f(x) = (f-g)(x) + g(x)$$

に対して定理 8.1(1) を E_1 上で適用して

$$\int_{E_1} f(x)d\mu = \int_{E_1} (f-g)(x)d\mu + \int_{E_1} g(x)d\mu \tag{8.11}$$

(8.6) により，

$$\int_{E_1} f(x)d\mu, \int_{E_1} g(x)d\mu < \infty$$

であるから，

$$\int_{E_1} (f-g)(x)d\mu < \infty$$

となり，$(f-g)(x)$ は E_1 で積分可能．同様に

$$g(x) = (g-f)(x) + f(x)$$

に対して定理 8.1(1) を適用して，さらに (8.8) によって

$$\int_{E_2} g(x)d\mu = \int_{E_2} (g - f)(x)d\mu + \int_{E_2} f(x)d\mu$$
$$= -\int_{E_2} (f - g)(x)d\mu + \int_{E_2} f(x)d\mu \tag{8.12}$$

(8.10),(8.11),(8.12) と定理 8.3(1) より (8.9) が得られる. ■

定理 8.4　$f(x), g(x)$ が E で積分可能ならば, $\forall\alpha, \forall\beta \in \mathbb{R}$ に対して, $(\alpha f + \beta g)(x)$ も E で積分可能になり,

$$\int_E (\alpha f + \beta g)(x)d\mu = \alpha \int_E f(x)d\mu + \beta \int_E g(x)d\mu$$

証明　(i)　$\beta = 0$ の場合

$\alpha > 0$ とする.

$$\alpha f(x) = \alpha f^+(x) - \alpha f^-(x)$$

であり, f_n^+ が

$$\lim_{n\to\infty} f_n^+(x) = f^+(x)$$

となる非負単調増加単関数列ならば, αf_n^+ は

$$\lim_{n\to\infty} \alpha f_n^+(x) = \alpha f^+(x)$$

となる非負単調増加単関数列. また

$$L(\alpha f_n^+, E) = \alpha L(f_n^+, E)$$

であることと, $f^-(x)$ についても同様であることより $\alpha f(x)$ は積分可能となり

$$\int_E \alpha f(x)d\mu = \alpha \int_E f(x)d\mu$$

$\alpha < 0$ のときは命題 8.1(1) によって与えられる.

(ii)　$\alpha = \beta = 1$ の場合

$$E_1 = E(f(x) \geq 0) \cap E(g(x) \geq 0), \qquad E_2 = E(f(x) < 0) \cap E(g(x) < 0)$$

$$E_3 = E(f(x) \geq 0) \cap E(g(x) < 0), \qquad E_4 = E(f(x) < 0) \cap E(g(x) \geq 0)$$

とおくと,

$$E = E_1 \cup E_2 \cup E_3 \cup E_4, \qquad E_i \cap E_j = \emptyset \; (i \neq j)$$

$i = 1, 2, 3, 4$ について

$$\int_{E_i} (f + g)(x) d\mu = \int_{E_i} f(x) d\mu + \int_{E_i} g(x) d\mu$$

を示せばよい. $i = 1, 2$ については定理 8.1(1), 命題 8.1(1) によって与えられる. $i = 3, 4$ については命題 8.1(1),(2) によって与えられる.

(iii) 一般の α, β については, (ii) と (i) によって与えられる. ■

=========== **「積分が 0」と「ほとんどいたるところ 0」の関係**

定理 8.5 $f(x)$ が E 上ルベーグ積分可能で, 可測関数 $g(x)$ が

$$g(x) = f(x) \text{ a.e. in } E$$

をみたすならば $g(x)$ も E 上ルベーグ積分可能で,

$$\int_E f(x) d\mu = \int_E g(x) d\mu$$

証明 定理 8.3(1) と定理 8.2(2) より,

$$\int_E f(x) d\mu = \int_{E(f(x)=g(x))} f(x) d\mu + \int_{E(f(x) \neq g(x))} f(x) d\mu$$

$$= \int_{E(f(x)=g(x))} g(x) d\mu + 0$$

$$= \int_E g(x) d\mu \qquad\qquad ■$$

定理 8.5 より,

$$f(x) = 0 \text{ a.e. in } E \implies \int_E f(x) d\mu = 0$$

が成り立つが，逆は成り立たない．次の 2 つの定理では，$\displaystyle\int_E f(x)d\mu = 0$ よりも強い仮定を与え，$f(x) = 0$ a.e. in E を導く．

> **定理 8.6** E で積分可能な関数 $f(x)$ が
> $$^\forall x \in E,\ f(x) \geq 0\ \wedge\ \int_E f(x)d\mu = 0$$
> ならば，$\mu(E(f(x) > 0)) = 0$. すなわち，
> $$f(x) = 0 \text{ a.e. in } E$$

証明 $^\forall n \in \mathbb{N}$ に対して，
$$E_n := E\left(f(x) > \frac{1}{n}\right)$$
とする．

$$E(f(x) > 0) = \bigcup_{n=1}^{\infty} E_n$$

である．$^\forall n \in \mathbb{N},\ E_n \subset E_{n+1}$ であるから $\displaystyle\bigcup_{n=1}^{\infty} E_n = \lim_{n\to\infty} E_n$. よって
$$\mu(E(f(x) > 0)) = \mu\left(\lim_{n\to\infty} E_n\right) = \lim_{n\to\infty} \mu(E_n)$$

$E_n \subset E$ であり，定理 8.3(2) より，
$$0 = \int_E f(x)d\mu \geq \int_{E_n} f(x)d\mu \geq \frac{1}{n}\mu(E_n) \geq 0$$
よって，$^\forall n \in \mathbb{N},\ \mu(E_n) = 0$ より，$\mu(E(f(x) > 0)) = 0$. ■

> **定理 8.7** E で積分可能な関数 $f(x)$ が
> $$^\forall A \in \mathcal{M}\ ;\ A \subset E,\quad \int_A f(x)d\mu = 0$$
> ならば，
> $$f(x) = 0 \text{ a.e. in } E$$

証明 $E_+ = E(f(x) > 0)$ とおくと，仮定より $\displaystyle\int_{E_+} f(x)d\mu = 0$ であるから，

定理 8.6 と同様に $\mu(E_+) = 0$. また

$$E_- = E(f(x) < 0) = E(-f(x) > 0)$$

とおくと，$\displaystyle\int_{E_-} -f(x)d\mu = 0$ より同様に $\mu(E_-) = 0$. ∎

---

f に収束する単調減少単関数列

命題 8.2　$f(x) \geq 0$ は E 上の可測関数とする．単調減少単関数列 $f_n(x)$ は

$$L(f_1, E) < \infty,$$
$$\forall x \in E, \ \lim_{n \to \infty} f_n(x) = f(x)$$

をみたすとする．このとき，$f(x)$ は E 上で積分可能であり，

$$\int_E f(x)d\mu = \lim_{n \to \infty} L(f_n, E)$$

が成り立つ．

証明　$(f_1 - f_n)(x) \geq 0$ は単調増加単関数列で $(f_1 - f)(x) \geq 0$ に収束する．$L(f_1, E) < \infty$ と命題 5.2(1)(ii) によって，

$$L(f_1 - f_n, E) = L(f_1, E) - L(f_n, E) \leq L(f_1, E) < \infty$$

であるから，$(f_1 - f)(x)$ は積分可能で，

$$\int_E (f_1 - f)(x)d\mu = \lim_{n \to \infty} L(f_1 - f_n, E) < \infty$$

命題 8.1 により，$f(x) = (-(f_1 - f) + f_1)(x)$ は積分可能で，

$$\begin{aligned}
\int_E f(x)d\mu &= \int_E (-(f_1 - f) + f_1)(x)d\mu \\
&= -\int_E (f_1 - f)d\mu + \int_E f_1(x)d\mu \\
&= -\lim_{n \to \infty} L(f_1 - f_n, E) + L(f_1, E) \\
&= \lim_{n \to \infty} L(f_n, E)
\end{aligned}$$

∎

例 8.1　(6.8) の $f(x)$ に対して，命題 8.2 のような単調減少単関数列 $f_n(x)$

は存在しない. また $\mu(E) = \infty$ となる E 上で $f(x) > 0$ となる $f(x)$ に対しても同様である. このようなとき, 定理 6.4 で考えた劣ルベーグ和のように, 「優ルベーグ和」を考えることはできない. ◇

8.3 リーマン積分とルベーグ積分

定理 8.8 区間 $[a,b]$ で有界な関数 $f(x)$ について, $f^+(x), f^-(x)$ がリーマン積分可能であるならば, $f(x)$ はルベーグ積分可能であり, $f(x)$ の両方の積分値は一致する.

証明 関数 $f(x)$ の $[a,b]$ でのリーマン積分, ルベーグ積分をそれぞれ

$$(R) \int_a^b f(x)dx, \quad (L) \int_{[a,b]} f(x)d\mu$$

と表す. $[a,b]$ で $f(x) \geq 0$ が上に有界であるとき, $f(x)$ がリーマン積分可能であるならば, ルベーグ積分可能であり,

$$(R) \int_a^b f(x)dx = (L) \int_{[a,b]} f(x)d\mu \tag{8.13}$$

を示せばよい.

ステップ 1 $[a,b]$ を 2 等分割し, それをさらに 2 等分割するというふうに 2^n 等分割し,

$$[a,b] = E_1 \cup E_2 \cup \cdots \cup E_{2^n}, \quad E_i \cap E_j = \emptyset \ (i \neq j) \tag{8.14}$$

と書く.

$$m_k := \inf_{E_k} f(x), \quad M_k := \sup_{E_k} f(x)$$

に対して, 劣リーマン和, 優リーマン和を考える.

$$\begin{aligned} g_n(x) &:= m_1 \chi_{E_1} + m_2 \chi_{E_2} + \cdots + m_{2^n} \chi_{E_{2^n}}, \\ h_n(x) &:= M_1 \chi_{E_1} + M_2 \chi_{E_2} + \cdots + M_{2^n} \chi_{E_{2^n}} \end{aligned} \tag{8.15}$$

に対して, $g_n(x)$, $h_n(x)$ は単関数であり, $[a,b]$ の分割の仕方により, $g_n(x)$

は n について単調増加, $h_n(x)$ は n について単調減少であり,

$$0 \le g_n(x) \le f(x) \le h_n(x) \le {}^\exists M$$

$f(x)$ がリーマン積分可能であることより,

$$s_n := \frac{b-a}{2^n}(m_1 + \cdots + m_{2^n}), \quad S_n := \frac{b-a}{2^n}(M_1 + \cdots + M_{2^n})$$

に対して,

$$\lim_{n \to \infty} s_n = \lim_{n \to \infty} S_n = (R)\int_a^b f(x)dx \tag{8.16}$$

となる.

ステップ 2 $g_n(x), h_n(x)$ は単関数であり,

$$s_n = L(g_n, [a,b]), \quad S_n = L(h_n, [a,b]) \tag{8.17}$$

$x \in [a,b]$ を固定するごとに, $g_n(x)$ は単調増加で, 上に有界な数列なので, 極限

$$\lim_{n \to \infty} g_n(x) =: g(x)$$

が存在する. 同様に, $\lim_{n \to \infty} h_n(x) =: h(x)$ も存在し,

$$g_1(x) \le g_2(x) \le \cdots \le g(x) \le f(x) \le h(x) \le \cdots \le h_2(x) \le h_1(x) \tag{8.18}$$

ここで定理 6.6 より, $g(x), h(x)$ は可測関数. (8.16),(8.17) とルベーグ積分の定義, 命題 8.2 により,

$$(L)\int_{[a,b]} g(x)d\mu = (L)\int_{[a,b]} h(x)d\mu = (R)\int_a^b f(x)dx \tag{8.19}$$

ステップ 3 (8.18),(8.19) により,

$$(h-g)(x) \ge 0, \quad (L)\int_{[a,b]} (h-g)(x)d\mu = 0$$

であるから, 定理 8.6 により,

$$g(x) = h(x) \ \text{a.e.}$$

となる. (8.18) より, 可測関数 $g(x)$, $h(x)$ に対して,

$$g(x) = f(x) = h(x) \ \text{a.e.}$$

であるので $f(x)$ も可測関数となる. よって定義により $f(x)$ はルベーグ積分可能であり, (8.19) と定理 8.5 より (8.13) が成り立つ. ∎

> **定理 8.9** 区間 $[a,b]$ で $f(x)$ が有界で, リーマン積分可能ならば, $f(x)$ の不連続点の集合は零集合である.

証明 $f^+(x)$ に対して, 定理 8.8 の証明のように $[a,b]$ の 2^n 等分割, $g(x)$, $h(x)$ を考える. $f^+(x)$ の不連続点 x_0 に対して, 2^n 等分割したときの x_0 を含む区間を E_{k_n} とすると, E_{k_n} の 2 等分割を続けていき,

$$E_{k_n} \supset E_{k_{n+1}} \supset \cdots \supset \{x_0\}$$

x_0 がすべての 2^n 等分割点になっていないとき, すなわち x_0 が $^\forall n \in \mathbb{N}$ に対して, E_{k_n} の内点になっているときは, (8.15) において,

$$^\forall n \in \mathbb{N}, \ m_{k_n} < M_{k_n}$$

であるから,

$$^\forall n \in \mathbb{N}, \ g_n(x_0) < h_n(x_0)$$

$f(x)$ は x_0 で不連続であることより,

$$\lim_{n \to \infty} m_{k_n} < \lim_{n \to \infty} M_{k_n}$$

であるから, $g(x_0) < h(x_0)$. ところが $g(x) = h(x)$ a.e. であったから, x_0 の集合は零集合である. また, $f^+(x)$ の不連続点が 2^n 等分割のいずれかの分割点になっているような点の集合は可算無限個の集合であるから, 零集合. $f^-(x)$ についても同様. ∎

例 8.2 (1.8) の $g(x)$ について, $\mu([0,1] \cap \mathbb{Q}) = 0$ であるから定理 8.2 (2) より

$$\begin{aligned}
(L)\int_{[0,1]} g(x)d\mu &= (L)\int_{[0,1]\cap\mathbb{Q}} x^2 d\mu + (L)\int_{[0,1]\cap\mathbb{Q}^c} x^3 d\mu \\
&= (L)\int_{[0,1]\cap\mathbb{Q}} x^3 d\mu + (L)\int_{[0,1]\cap\mathbb{Q}^c} x^3 d\mu \\
&= (L)\int_{[0,1]} x^3 d\mu \\
&= (R)\int_0^1 x^3 dx \\
&= \frac{1}{4}
\end{aligned}$$

$\diamondsuit$

第9章

関数列の積分

　関数列の極限の積分を扱いたいとき，$f_n(x)$ がリーマン積分可能であっても，$\lim_{n\to\infty} f_n(x)$ がリーマン積分可能とは限らないため，$\lim_{n\to\infty} f_n(x)$ が存在することがわかっていても，$\lim_{n\to\infty} f_n(x)$ をリーマン積分で取り扱うことができるとは限らない．ここでは $f_n(x)$ がルベーグ積分可能であるとき，$\lim_{n\to\infty} f_n(x)$ のルベーグ積分は $f_n(x)$ のルベーグ積分の極限で与えられるかについて，すなわち $\lim_{n\to\infty}$ と $\int d\mu$ の順序交換について考察する．

9.1　項別積分

命題 9.1　$E \in \mathcal{M}$ 上の非負単関数列 $f_n \geq 0$ に対して，

$$F(x) = \lim_{n\to\infty} F_n(x), \quad F_n(x) = f_1(x) + \cdots + f_n(x)$$

は E で定積分をもち，

$$
\begin{aligned}
\int_E F(x)d\mu &= \int_E (f_1 + f_2 + \cdots + f_n + \cdots)d\mu \\
&= \int_E f_1(x)d\mu + \int_E f_2(x)d\mu + \cdots + \int_E f_n(x)d\mu + \cdots
\end{aligned}
\tag{9.1}
$$

が成り立つ．すなわち，

$$\int_E \lim_{n\to\infty} F_n(x)d\mu = \lim_{n\to\infty} \int_E F_n(x)d\mu$$

が成り立つ[*1].

証明 定理 6.6 より $F(x)$ は可測. $F_n(x)$ は単調増加単関数列, $F_n \geq 0$ であるから, 定義 8.1, 命題 5.2 より

$$\int_E F(x)d\mu = \lim_{n \to \infty} L(F_n, E)$$
$$= \lim_{n \to \infty} (L(f_1, E) + L(f_2, E) + \cdots + L(f_n, E))$$

よって (9.1) が成り立つ. ∎

命題 9.2 $E \in \mathcal{M}$ 上の非負可測関数 $f(x)$ に対して, 非負単関数列 $g_n(x)$ が存在して,

$$f(x) = \lim_{n \to \infty} (g_1(x) + g_2(x) + \cdots + g_n(x)) \tag{9.2}$$

が成り立つ.

証明 定理 6.4 より

$$^\forall n \in \mathbb{N}, \ 0 \leq f_n \leq f_{n+1} \leq f$$
$$^\forall x \in E, \ \lim_{n \to \infty} f_n(x) = f(x)$$

をみたす単関数列 $\{f_n\}_{n=1,2,\cdots}$ が存在するので,

$$g_1 = f_1, \quad g_n = f_n - f_{n-1} \quad (n \geq 2)$$

で g_n を定めると, (9.2) が成り立つ. ∎

定理 9.1 (項別積分定理) $E \in \mathcal{M}$ 上の非負可測関数列 $\{f_n(x)\}_{n=1,2,\cdots}$ に対して (9.1) が成り立つ.

証明 命題 9.2 より各 $f_n(x)$ に対して, 非負単関数列 $\{h_{n,k}(x)\}_{k=1,2,\cdots}$ が存在して,

$$\lim_{k \to \infty} (h_{n,1} + h_{n,2} + \cdots + h_{n,k})(x) = f_n(x)$$

が成り立つ. 命題 9.1 より

[*1] F_n について $\lim_{n \to \infty}$ と $\int d\mu$ の順序交換ができた.

$$\sum_{k=1}^{\infty} \int_E h_{n,k}(x)d\mu = \int_E f_n(x)d\mu$$

ここで，$h_{n,k}(x) \geq 0$ であるから，和の順序の入れ替えを行い，

$$f_1(x) + f_2(x) + \cdots$$
$$= h_{1,1}(x) + ((h_{1,2}(x) + h_{2,1}(x)) + \cdots + \sum_{\ell=n+k} h_{n,k} + \cdots \qquad (9.3)$$

が成り立つ*2．ここで

$$\varphi_\ell(x) := \sum_{\ell=n+k} h_{n,k}$$

とおくと，$\varphi_\ell(x)$ は単関数．(9.3) の両辺の積分をとり，命題 9.1 を適用し，和の順序をもとにもどすと，

$$\int_E (f_1 + f_2 + \cdots)(x)d\mu = \int_E (\varphi_1 + \varphi_2 + \cdots)(x)d\mu$$
$$= \int_E \varphi_1(x)d\mu + \int_E \varphi_2(x)d\mu + \cdots$$
$$= \sum_{\ell=1}^{\infty} \left(\sum_{\ell=n+k} \int_E h_{n,k}(x)d\mu \right)$$
$$= \sum_{n=1}^{\infty} \left(\sum_{k=1}^{\infty} \int_E h_{n,k}(x)d\mu \right)$$
$$= \sum_{n=1}^{\infty} \int_E f_n(x)d\mu \qquad \blacksquare$$

9.2 集合列上での積分

定理 8.3(1) は以下のように拡張される．

定理 9.2 互いに交わらない集合列 $\{E_n\}$ に対して，$E = \sum_{n=1}^{\infty} E_n$ とする．

---

*2 [8, 定理 10.2]．二重級数の和の順序交換については [16, §4.9]．

(1)　$f(x)$ が E で積分をもつならば，$f(x)$ は各 E_n で積分をもち，

$$\int_E f(x)d\mu = \sum_{n=1}^{\infty} \int_{E_n} f(x)d\mu \tag{9.4}$$

が成り立つ.

(2)　$f(x)$ が各 E_n で積分をもつならば，$f(x)$ は E で積分をもち，(9.4) が成り立つ.

証明　まず E で $f(x) \geq 0$ のときは，$f_n(x) = f \cdot \chi_{E_n}(x)$ に対して，

$$f(x) = \sum_{n=1}^{\infty} f_n(x)$$

であるから，定理 9.1 より，

$$\begin{aligned}
\int_E f(x)d\mu &= \sum_{n=1}^{\infty} \int_E f_n(x)d\mu \\
&= \sum_{n=1}^{\infty} \left(\int_{E_n} f_n(x)d\mu + \int_{E \setminus E_n} f_n(x)d\mu \right) \\
&= \sum_{n=1}^{\infty} \int_{E_n} f_n(x)d\mu \\
&= \sum_{n=1}^{\infty} \int_{E_n} f(x)d\mu
\end{aligned} \tag{9.5}$$

(9.5) の左辺が有限であることと，右辺の各項が有限であることは同値. すなわち $f(x)$ が各 E_n で積分可能であることと $f(x)$ が E で積分可能であることは同値，さらにすなわち，

$$\exists n_0 \in \mathbb{N} \; ; \int_{E_{n_0}} f(x)d\mu = \infty \iff \int_E f(x)d\mu = \infty \tag{9.6}$$

$f(x) \geq 0$ ではないときは，

$$\sum_{n=1}^{\infty} \int_{E_n} f^+(x)d\mu = \int_E f^+(x)d\mu < \infty$$

$$\sum_{n=1}^{\infty} \int_{E_n} f^-(x)d\mu = \int_E f^-(x)d\mu < \infty$$

(9.7)

であるとき,

$$\int_E f(x)d\mu = \int_E f^+(x)d\mu - \int_E f^-(x)d\mu$$

$$= \sum_{n=1}^{\infty} \int_{E_n} f^+(x)d\mu - \sum_{n=1}^{\infty} \int_{E_n} f^-(x)d\mu$$

$$= \sum_{n=1}^{\infty} \left(\int_{E_n} f^+(x)d\mu - \int_{E_n} f^-(x)d\mu \right)$$

$$= \sum_{n=1}^{\infty} \int_{E_n} f(x)d\mu \quad {}^{*3}$$

(9.7) のいずれかが成り立つとき, $f = f^+$ または $f = f^-$ に対して (9.6) が成り立つことにより, (9.4) が成り立つ.　■

> **定理 9.3**　$f(x)$ は E で積分をもつとする. E の部分集合の単調増加列 $\{E_n\}$ に対して,
>
> $$\mu \left(E \setminus \lim_{n \to \infty} E_n \right) = 0$$
>
> ならば,
>
> $$\int_E f(x)d\mu = \lim_{n \to \infty} \int_{E_n} f(x)d\mu \tag{9.8}$$

証明　$E_0 = E \setminus \lim_{n \to \infty} E_n$ とおくと, 定理 8.2 より, $\int_{E_0} f(x)d\mu = 0$.

$$E = E_0 \cup E_1 \cup \bigcup_{n=2}^{\infty} (E_n \setminus E_{n-1})$$

であるから, 定理 9.2 より,

---

*3　[8, (10.6)].

$$\int_E f(x)d\mu$$

$$= \int_{E_1} f(x)d\mu + \sum_{n=2}^{\infty} \int_{E_n \setminus E_{n-1}} f(x)d\mu$$

$$= \lim_{n \to \infty} \left(\int_{E_1} f(x)d\mu + \int_{E_2 \setminus E_1} f(x)d\mu + \cdots + \int_{E_n \setminus E_{n-1}} f(x)d\mu \right)$$

$$= \lim_{n \to \infty} \int_{E_n} f(x)d\mu \qquad \blacksquare$$

> **命題 9.3** $f(x)$ が $\mathbb{R}$ で積分可能であるとき,
> $$\lim_{x \to \infty} \int_{(-\infty, x]} f(t)d\mu = \int_{\mathbb{R}} f(t)d\mu \tag{9.9}$$
> が成り立つ.

証明 定理 8.3 より, $f(x)$ は任意の $x \in \mathbb{R}$ について, $(-\infty, x], (x, \infty)$ で積分可能であり,

$$F(x) := \int_{(-\infty, x]} f(t)d\mu,$$

$$G(x) := \int_{(x, \infty)} f(t)d\mu = \int_{\mathbb{R}} f(t)d\mu - F(x)$$

が成り立つ. 以下, $\lim_{x \to \infty} G(x) = 0$ を示す.

ステップ 1 $\lim_{n \to \infty} x_n = \infty$ をみたす単調増加数列 x_n に対して, $E_n := (-\infty, x_n] \in \mathcal{M}$ は単調増加で, $\lim_{n \to \infty} E_n = \mathbb{R}$. よって, 定理 9.3 より,

$$\lim_{n \to \infty} F(x_n) = \lim_{n \to \infty} \int_{E_n} f(t)d\mu = \int_{\mathbb{R}} f(t)d\mu \tag{9.10}$$

これによって, x_n がとびとびの値をとって $x_n \to \infty$ となるとき, (9.9) が成り立つ.

ステップ 2 $f \geq 0$ に対して,

$$^{\forall}\varepsilon > 0, \ \exists x_0 \in \mathbb{R} \ ;$$
$$x \geq x_0 \implies \left| F(x) - \int_{\mathbb{R}} f(t)d\mu \right| = |G(x)| < \varepsilon \tag{9.11}$$

を示す. (9.10) より,

$$^{\forall}\varepsilon > 0, \ \exists n_0 \in \mathbb{N} \ ;$$

$$n \geq n_0 \implies \left| F(x_n) - \int_{\mathbb{R}} f(t)d\mu \right| = |G(x_n)| < \varepsilon$$

$f \geq 0$ のとき, $G(x)$ は単調減少, すなわち

$$x \geq x_n \implies G(x_n) = \int_{(x,\infty)} f(t)d\mu + \int_{[x_n,x)} f(t)d\mu \geq G(x)$$

これにより, (9.11) が得られる.

ステップ 3

$$\lim_{x \to \infty} \int_{(x,\infty)} f^+(t)d\mu = 0, \quad \lim_{x \to \infty} \int_{(x,\infty)} f^-(t)d\mu = 0$$

より,

$$\lim_{x \to \infty} G(x) = \lim_{x \to \infty} \int_{(x,\infty)} f^+(t)d\mu - \lim_{x \to \infty} \int_{(x,\infty)} f^-(t)d\mu = 0 \qquad \blacksquare$$

9.3 収束定理

例 6.10 で見たように, 一般に $E \in \mathcal{M}$ 上の可測関数列 $f_n(x)$ の極限関数 $\lim_{n \to \infty} f_n(x)$ が存在するとき,

$$\int_E \lim_{n \to \infty} f_n(x)d\mu = \lim_{n \to \infty} \int_E f_n(x)d\mu \tag{9.12}$$

が成り立つとは限らない. 以下では (9.12) が成り立つための f_n の条件を考える.

──────────────────────────── ベッポ・レヴィの定理

まず

$$^{\forall}n \in \mathbb{N}, \ 0 \leq f_n \leq f_{n+1} \tag{9.13}$$

をみたすときを考える. このとき $\lim_{n \to \infty} f_n(x)$ は存在し ($\lim_{n \to \infty} f_n(x)$ は有限と

は限らない），定理 6.6 より $\lim_{n \to \infty} f_n(x)$ は可測となる．$f_n(x)$ が (9.13) をみたす単関数列のときは (9.12) は積分の定義 8.1 そのものとなる．

定理 9.4（ベッポ・レヴィ (Beppo Levi) の定理）　$E \in \mathcal{M}$ 上の可測関数列 $\{f_n(x)\}_{n=1,2,\cdots}$ が (9.13) をみたすならば (9.12) が成り立つ．

証明　まず，すべての n について，$f_n(x)$ は E で有限の場合で考える．$g_n(x)$ を

$$g_1(x) := f_1(x), \qquad g_n(x) := f_n(x) - f_{n-1}(x) \quad (n \geq 2)$$

で与えると，

$$f(x) = \sum_{n=1}^{\infty} g_n(x), \qquad g_n(x) \geq 0$$

となる．定理 9.1 により，

$$
\begin{aligned}
&\int_E f(x) d\mu \\
&= \sum_{n=1}^{\infty} \int_E g_n(x) d\mu \\
&= \lim_{n \to \infty} \left(\int_E f_1(x) d\mu + \int_E (f_2 - f_1)(x) d\mu + \cdots + \int_E (f_n - f_{n-1})(x) d\mu \right) \\
&= \lim_{n \to \infty} \int_E f_n d\mu
\end{aligned}
$$

次に，ある n に対して，$\mu(E(f_n(x) = \infty)) > 0$ となる場合は (9.12) は $\infty = \infty$ となり，定理は成立する．

最後に，すべての n に対して，$\mu(E(f_n(x) = \infty)) = 0$ の場合．このときは

$$\bigcup_{n=1}^{\infty} E(f_n(x) = \infty)$$

も零集合となり，零集合上の任意の関数の積分は 0 である．　■

=============== **ファトゥーの補題**

定理 9.5（ファトゥー (Fatou) の補題）　$E \in \mathcal{M}$ 上の非負可測関数列 $f_n \geq 0$ に対して,

$$\int_E \varlimsup_{n \to \infty} f_n(x) d\mu \leq \varlimsup_{n \to \infty} \int_E f_n(x) d\mu \tag{9.14}$$

が成り立つ.

証明

$$h_n(x) := \inf_{k \geq n} f_k(x)$$

とおくと (6.24) で定めたように

$$\varliminf_{n \to \infty} f_n(x) = \lim_{n \to \infty} h_n(x)$$

である. $^\forall n \in \mathbb{N},\ h_n \leq f_n$ なので

$$\int_E h_n(x) d\mu \leq \int_E f_n(x) d\mu$$

ここで, 両辺で $\varliminf_{n \to \infty}$ をとるのだが, 左辺は単調増加数列なので, 極限が存在し,

$$\lim_{n \to \infty} \int_E h_n(x) d\mu \leq \varliminf_{n \to \infty} \int_E f_n(x) d\mu \tag{9.15}$$

$h_n \geq 0$ であり, $h_n(x)$ は n について単調増加であるから, 定理 9.4 より

$$\int_E \varliminf_{n \to \infty} f_n(x) d\mu = \int_E \lim_{n \to \infty} h_n(x) d\mu = \lim_{n \to \infty} \int_E h_n(x) d\mu \tag{9.16}$$

よって, (9.16),(9.15) より定理が証明された. ■

　ファトゥーの補題の証明法に命題 8.2 の証明法を適用すると, 次の命題が得られる.

命題 9.4　$E \in \mathcal{M}$ 上の非負可測関数列 $f_n \geq 0$ に対して,

$$g_1(x) := \sup_{k \geq 1} f_k(x) \tag{9.17}$$

は積分可能とする. このとき,

$$\int_E \varlimsup_{n \to \infty} f_n(x)d\mu \geq \varlimsup_{n \to \infty} \int_E f_n(x)d\mu \tag{9.18}$$

が成り立つ．よって $\lim_{n \to \infty} f_n(x)$ が存在するときは，(9.12) が成り立つ．

証明 $\int_E \varlimsup_{n \to \infty} f_n(x)d\mu = \infty$ のときは自明．以下，$\int_E \varlimsup_{n \to \infty} f_n(x)d\mu < \infty$ とする．$g_n(x) := \sup_{k \geq n} f_k(x)$ に対して，

$$\varlimsup_{n \to \infty} f_n(x) = \lim_{n \to \infty} g_n(x)$$

$g_n \geq f_n$ より，

$$\lim_{n \to \infty} \int_E g_n(x)d\mu \geq \varlimsup_{n \to \infty} \int_E f_n(x)d\mu$$

$(g_1 - g_n)(x) \geq 0$ は n について単調増加であるから，ベッポ・レヴィの定理より，

$$\int_E \left(g_1(x) - \varlimsup_{n \to \infty} f_n(x) \right) d\mu - \int_E \lim_{n \to \infty} (g_1 - g_n)(x)d\mu$$
$$= \lim_{n \to \infty} \int_E (g_1 - g_n)(x)d\mu$$

仮定により，$g_1(x)$ は積分可能であるから，

$$\int_E \varlimsup_{n \to \infty} f_n(x)d\mu = \lim_{n \to \infty} \int_E g_n(x)d\mu$$

これにより，(9.18) が成り立つ．

$\lim_{n \to \infty} f_n(x)$ が存在するとき，(9.14),(9.18) より

$$\varlimsup_{n \to \infty} \int_E f_n(x)d\mu \leq \int_E \lim_{n \to \infty} f_n(x)d\mu \leq \varlimsup_{n \to \infty} \int_E f_n(x)d\mu$$

が成り立つこととなるが，(6.26) と同様に，数列 $F_n := \int_E f_n(x)d\mu$ について，$\lim_{n \to \infty} F_n$ は存在し，(9.12) が成立する．　■

　ファトゥーの補題と命題 9.4 は以下のルベーグ収束定理に統合される[*4]．

[*4]　一般に命題 9.4 はファトゥーの補題とルベーグ収束定理に吸収され，ルベーグ積分の理論の中で用いられない．ルベーグ収束定理は応用上，大変便利であるため，命題 9.4 は実際必要とならない．しかし，命題 9.4 はファトゥーの補題の証明法に命題 8.2 の証明法を適用すると，直ちに得られる．命題 8.2 も一般にルベーグ積分の理論の中で明記されない．

例 9.1 $E = [0, 1]$ で

$$f_n(x) = \begin{cases} n, & 0 \le x < \dfrac{1}{n} \\ 0, & \dfrac{1}{n} \le x \le 1 \end{cases} \tag{9.19}$$

とすると，$f(x) := \lim_{n\to\infty} f_n(x)$ は

$$f(x) = \begin{cases} \infty, & x = 0 \\ 0, & 0 < x \le 1 \end{cases} \tag{9.20}$$

となり，(9.12) は成り立たないことがわかる．実は (9.19) の $f_n(x)$ は単調増加になっていない．次に，

$$g_n(x) = \begin{cases} \sqrt{n}, & 0 \le x < \dfrac{1}{n} \\ 0, & \dfrac{1}{n} \le x \le 1 \end{cases} \tag{9.21}$$

を考える．(9.20) の $f(x)$ に対して，$\lim_{n\to\infty} g_n(x) = f(x)$ である．

$$\int_{[0,1]} g_n(x)d\mu = \sqrt{n} \cdot \frac{1}{n} = \frac{1}{\sqrt{n}}$$

であるから

$$\int_E \lim_{n\to\infty} g_n(x)d\mu = \lim_{n\to\infty} \int_E g_n(x)d\mu \tag{9.22}$$

が成り立っている．$g_n(x)$ も単調増加ではない．(9.19) の $f_n(x)$，(9.21) の $g_n(x)$ に対して，すべての n に対して，

$$f_n(x) \le \frac{1}{x}, \qquad g_n(x) \le \frac{1}{\sqrt{x}} \tag{9.23}$$

が成り立っている（図 9.1）．

$$\int_{[0,1]} \frac{1}{x} d\mu = \infty, \qquad \int_{[0,1]} \frac{1}{\sqrt{x}} d\mu < \infty$$

に注意する. ◇

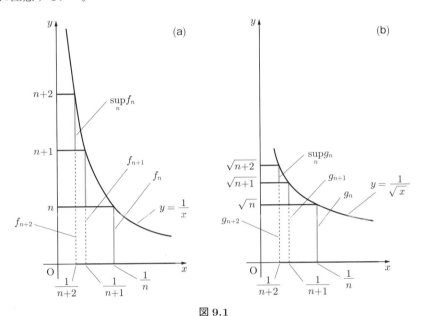

図 9.1

定理 9.6 (ルベーグ (Lebesgue) 収束定理) $\{f_n(x)\}_{n=1,2,\dots}$ は $E \in \mathcal{M}$ 上の可測関数列とする. このとき, ある可測関数 $\varphi(x) \geq 0$;

$$\int_E \varphi(x) d\mu < \infty \tag{9.24}$$

$$\forall n \in \mathbb{N}, \ \forall x \in E, \quad |f_n(x)| \leq \varphi(x) \tag{9.25}$$

が発見できるならば, (9.18) が成り立つ. よって $\lim_{n \to \infty} f_n(x)$ が存在するときは, (9.12) が成り立つ.

証明 定理 9.5 によって

$$\int_E \varliminf_{n \to \infty} f_n^{\pm}(x) d\mu \leq \varliminf_{n \to \infty} \int_E f_n^{\pm}(x) d\mu$$

(9.24),(9.25) と命題 9.4 によって

$$\int_E \varliminf_{n\to\infty} f_n^\pm(x)d\mu \geq \varlimsup_{n\to\infty} \int_E f_n^\pm(x)d\mu$$

ここで, 一般に

$$\varlimsup_{n\to\infty} f_n = -\varliminf_{n\to\infty} (-f_n), \qquad \varliminf_{n\to\infty} f_n = -\varlimsup_{n\to\infty} (-f_n)$$

であることより,

$$\int_E \varliminf_{n\to\infty} (f_n^+ - f_n^-)(x)d\mu \leq \varliminf_{n\to\infty} \int_E (f_n^+ - f_n^-)(x)d\mu$$

$$\int_E \varlimsup_{n\to\infty} (f_n^+ - f_n^-)(x)d\mu \geq \varlimsup_{n\to\infty} \int_E (f_n^+ - f_n^-)(x)d\mu \qquad ■$$

例 9.2 $f_n(x), g_n(x)$ $(n = 1, 2, \cdots)$ は $E \in \mathcal{M}$ 上可測であり, $\lim_{n\to\infty} f_n(x)$, $\lim_{n\to\infty} g_n(x)$ は存在するとする.

$$^\forall n \in \mathbb{N},\ 0 \leq f_n \leq g_n,$$

$$^\forall n \in \mathbb{N},\ g_n \leq g_{n+1}$$

が成り立っているとする. このとき, 定理 9.4 より (9.22) が成り立つ. さらに $\int_E \lim_{n\to\infty} g_n(x)d\mu < \infty$ ならば, 定理 9.6 より (9.12) が成り立つ. ◇

(9.25) をみたすためには $\varphi(x)$ は大きくとればいいが, 大きすぎると $\int_E \varphi(x)d\mu = \infty$ となってしまう. $f_n(x)$ が可測であるとき, $\sup_n |f_n|(x)$ も可測となるが, (9.25) をみたす $\varphi(x)$ は

$$^\forall x \in E,\ \sup_n |f_n|(x) \leq \varphi(x)$$

をみたすので, $\int_E \sup_n |f_n|(x)d\mu = \infty$ のときは $\varphi(x)$ は発見できない.

例 9.3 (9.23) において, $\varphi(x) = \dfrac{1}{x}$ は (9.25) をみたす最小の $\varphi(x)$ ではない. もし $\varphi(x) := \sup_n |f_n(x)|$ に対して $\int_E \varphi(x)d\mu < \infty$ となるならば,

(9.12) が成り立つこととなる．しかし (9.12) が成り立たないという事実より $\int_E \varphi(x)d\mu = \infty$ となる． ◇

========

有界収束定理

定理 9.7（有界収束定理） $\mu(E) < \infty$ とする．E 上の可測関数列 $\{f_n(x)\}_{n=1,2,\cdots}$ が，ある $M > 0$ に対して

$$\forall n \in \mathbb{N},\ \forall x \in E, \quad |f_n(x)| \leq M \tag{9.26}$$

であるとき，$\lim_{n\to\infty} f_n(x)$ が存在するならば，(9.12) が成り立つ．

証明 $\varphi(x) = M$ とすると

$$\int_E \varphi(x)d\mu = M\mu(E) < \infty \qquad\blacksquare$$

例 9.4 $x \in [0,\infty)$ について，

$$g_n(x) = \begin{cases} \dfrac{1}{n^2}x, & 0 \leq x \leq n \\ -\dfrac{1}{n^2}x + \dfrac{2}{n}, & n < x \leq 2n \\ 0, & x > 2n \end{cases} \tag{9.27}$$

極限関数 $g_\infty(x) = 0\ (x \in [0,\infty))$ となる．

(7.3) や (9.27)（それぞれ図 7.1 および図 9.2）はすべての n による図形を有界領域に閉じ込めることができない．すべての図形を有界領域に閉じ込めることができれば，有界収束定理によって (9.12) が成り立つ． ◇

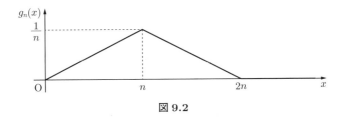

図 9.2

例 9.5 $x \in \mathbb{R}$ について，

$$f_n(x) = \begin{cases} n|x|, & |x| \leq \dfrac{1}{n} \\ 1, & |x| > \dfrac{1}{n} \end{cases} \tag{9.28}$$

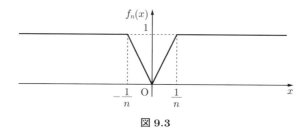

図 9.3

とする（図 9.3）．極限関数は

$$f_\infty(x) = \begin{cases} 0, & x = 0 \\ 1, & x \neq 0 \end{cases}$$

だが，一様収束ではない．有界収束定理によって，

$$\int_{-1}^{1} \lim_{n \to \infty} f_n(x)dx = \lim_{n \to \infty} \int_{-1}^{1} f_n(x)dx \tag{9.29}$$

が成り立つ．この場合は (9.29) は直接計算によって確かめられるが，極限関数が測度 0 の無数の不連続点をもつ場合，有界収束定理が有効となる．　◇

積分記号下の微分法

定理 9.8　可測集合 E，開区間 I に対して，$f(x, t)$ は $E \times I$ 上の関数とする．$f(x, t)$ は $^\forall t \in I$ について偏微分可能であり，$^\forall t \in I$ を固定するごとに x について E で積分可能とする．さらに

$$^\forall (x, t) \in E \times I, \quad \left| \frac{\partial f}{\partial t}(x, t) \right| \leq \varphi(x) \tag{9.30}$$

をみたす E で積分可能な関数 φ が存在するとする．このとき，

$$F(t) = \int_E f(x,t)d\mu$$

は微分可能で,

$$F'(t) = \int_E \frac{\partial f}{\partial t}(x,t)d\mu \qquad (9.31)$$

が成り立つ.

証明 $^\forall t \in I$ を固定するとき,

$$\exists \delta > 0 \; ; \; (t-\delta, t+\delta) \in I$$

$h \in \mathbb{R}$ は $0 < |h| < \delta$ をみたすものとする. このとき,

$$g_h(x) = \frac{f(x, t+h) - f(x,t)}{h}$$

は可測関数であり, 積分可能で,

$$\int_E g_h(x,t)d\mu = \frac{F(x, t+h) - F(x,t)}{h}$$

$f(x,t)$ は $^\forall t \in I$ について偏微分可能であるので,

$$\lim_{h \to 0} g_h(x) = \frac{\partial f}{\partial t}(x,t)$$

ここで g_h は可測なので $\lim_{h \to 0} g_h(x)$ も可測. 平均値定理により,

$$^\forall x \in E, \; ^\forall h \in (-\delta, \delta) \; ;$$

$$\exists \theta \in (0,1) \; ; \; g_h(x) = \frac{\partial f}{\partial t}(x, t + \theta h)$$

よって

$$^\forall x \in E, \; ^\forall h \in (-\delta, \delta), \quad |g_h(x)| = \left| \frac{\partial f}{\partial t}(x, t+\theta h) \right| \le \varphi(x)$$

よってルベーグ収束定理により,

$$\lim_{h \to 0} \int_E g_h(x)d\mu = \int_E \frac{\partial f}{\partial t}(x,t)d\mu$$

よって F は微分可能で, (9.31) が成り立つ. ∎

(9.31) を書きかえると,

$$\frac{d}{dt}\int_E f(x,t)d\mu = \int_E \frac{\partial f}{\partial t}(x,t)d\mu$$

のように，$\dfrac{d}{dt}$ と $\displaystyle\int_E d\mu$ の順序交換になっている.

9.4　リーマン広義積分への応用

例 9.6　リーマン広義積分可能であってもルベーグ積分可能とは限らない.
実際,

$$\int_0^\infty \frac{\sin x}{x}\,dx \in \mathbb{R} \quad \wedge \quad \int_0^\infty \left(\frac{\sin x}{x}\right)^+ dx, \int_0^\infty \left(\frac{\sin x}{x}\right)^- dx = \infty$$

このような積分を変格積分という[*5].

　このようなことは和のとり方の問題で，級数ですでに現れている. 数列 $\{a_n\}$ に対して，数列 $\{a_n{}^+\}, \{a_n{}^-\}$ を,

$$a_n{}^+ = \begin{cases} a_n, & a_n \geq 0 \text{ のとき} \\ 0, & a_n < 0 \text{ のとき} \end{cases}, \quad a_n{}^- = \begin{cases} 0, & a_n \geq 0 \text{ のとき} \\ |a_n|, & a_n < 0 \text{ のとき} \end{cases}$$

とするとき,

$$\sum_{n=1}^\infty a_n{}^+, \ \sum_{n=1}^\infty a_n{}^- < \infty \implies \sum_{n=1}^\infty a_n \in \mathbb{R}$$

だが，逆は成り立たない[*6].　◇

命題 9.5　$[a,\infty)$ 上の関数 $f(x)$ は，$^\forall x > a$ について，$[a,x]$ で有界でリーマン積分可能で，$[a,\infty)$ でリーマン広義積分可能とする. このとき,

---

[*5]　[8, 例 9.14].

[*6]　a_n すべての和をとるとき，n の順番通り和をとるのか，$a_n > 0$ となる a_n の和と $a_n < 0$ となる a_n の和を別々にとるのかという問題.

$f(x)$ は $[a, \infty)$ でルベーグ積分可能

$\Longleftrightarrow f^+(x), f^-(x)$ は $[a, \infty)$ でリーマン広義積分可能 $\qquad$ (9.32)

このとき,

$$(L) \int_{[a,\infty)} f(x) d\mu = \lim_{x \to \infty} (R) \int_a^x f(t) dt \qquad (9.33)$$

が成り立つ.

証明

$[a, x]$ で f はリーマン積分可能 $\Longleftrightarrow$ $[a, x]$ で $f^{\pm}$ はリーマン積分可能[*7] であり,定理 8.8 と命題 9.3 によって,

$$\lim_{x \to \infty} (R) \int_a^x f^{\pm}(t) dt = \lim_{x \to \infty} (L) \int_{[a,x]} f^{\pm}(t) d\mu = (L) \int_{[a,\infty)} f^{\pm}(t) d\mu$$

よって,(9.32) が成り立ち,

$$\lim_{x \to \infty} (R) \int_a^x f(t) dt = \lim_{x \to \infty} (R) \left(\int_a^x f^+(t) dt - \int_a^x f^-(t) dt \right)$$

より,(9.33) が成り立つ. ∎

定理 8.8,命題 9.4 より,定理 9.6 はリーマン積分可能な関数列が,リーマン積分可能な極限をもつとき,考えることができる.

命題 9.6 $[a, \infty)$ 上の関数列 $f_n(x)$ に対して,$f_n(x)$ $(n = 1, 2, \cdots)$ がリーマン広義積分可能であり,$\lim_{n \to \infty} f_n(x)$ が存在するとする.このとき,

$$\exists M > 0, \ \exists p > 1 \ ;$$

$$\forall n \in \mathbb{N}, \ \forall x \in [a, \infty), \ 0 \leq |f_n(x)| \leq \frac{M}{x^p} \qquad (9.34)$$

が成り立つとき,$\lim_{n \to \infty} f_n(x)$ は $[a, \infty)$ でルベーグ積分可能となり,

---

[*7] [8, 命題 7.5].

$$(L) \int_{[a,\infty)} \lim_{n\to\infty} f_n(x)d\mu = \lim_{n\to\infty} (R) \int_a^\infty f_n(x)dx \qquad (9.35)$$

が成り立つ. さらに $\lim_{n\to\infty} f_n(x)$ が $[a,\infty)$ でリーマン広義積分可能ならば,

$$(R) \int_a^\infty \lim_{n\to\infty} f_n(x)dx = \lim_{n\to\infty} (R) \int_a^\infty f_n(x)dx \qquad (9.36)$$

が成り立つ.

証明　(9.34) より, f^+, f^- はリーマン広義積分可能であるから, 命題 9.5 より, $f_n(x)$ はルベーグ積分可能で,

$$(R) \int_a^\infty f_n(x)dx = (L) \int_{[a,\infty)} f_n(x)d\mu$$

であるから, ルベーグ収束定理により,

$$\begin{aligned}
\lim_{n\to\infty} (R) \int_a^\infty f_n(x)dx &= \lim_{n\to\infty} (L) \int_{[a,\infty)} f_n(x)d\mu \\
&= (L) \int_{[a,\infty)} \lim_{n\to\infty} f_n(x)d\mu \\
&= (R) \int_a^\infty \lim_{n\to\infty} f_n(x)dx \qquad \blacksquare
\end{aligned}$$

例 9.7　(9.27) の $g_n(x)$ に対して, $x \in [1,\infty)$ について $f_n(x) = g_n(x-1)$ とすると, (9.35) $(a=1)$ は成り立たないことにより, (9.34) をみたす $M > 0$, $p > 1$ は存在しない. ◇

　リーマン積分で, (9.12) を考えるときは, ルベーグ収束定理を利用しなければ, E は有界な区間であり, 連続関数列 $f_n(x)$ が, $\lim_{n\to\infty} f_n(x)$ に一様収束していなければならなかった[*8]. ルベーグ収束定理により, 非有界な $E = [a,\infty)$ で, (9.34) が成り立てば, 一様収束していなくても, (9.12) が得られるようになった.

[*8]　[9, 定理 9.4].

第10章

微分と積分の関係

　高校数学以来，よく微分と積分は逆の関係だといわれる．すなわち，

(A)　積分して微分するともとの関数にもどる

(B)　微分して積分するともとの関数の積分区間の両端での値の差となる

このようなことは，ルベーグ積分ではどうなっているだろうか．ここでは，区間 $[a,b]$ でルベーグ積分可能な関数 $f(x)$ と

$$F(x) = \int_{[a,x]} f(t)d\mu$$

について，リーマン積分における微積分の基本定理と原始関数に対応することについて考察する．

10.1　不定積分の絶対連続性

定義 10.1　$f(x)$ は $\mathbb{R}$ で定積分をもつとする．このとき $\forall E \in \mathcal{M}$ に対して，$f(x)$ は E で定積分をもつ．

$$\tilde{F}(E) = \int_E f(x)d\mu \tag{10.1}$$

とおくと，$\tilde{F}$ は $\mathcal{M}$ 上で定義された集合関数となる．$\tilde{F} : \mathcal{M} \longrightarrow [-\infty, \infty]$ を $f(x)$ の不定積分という．

定理 10.1　$f(x)$ は E で積分可能とする．このとき，

$$\forall \varepsilon > 0, \ \exists \delta > 0 \ ;$$

$$A \subset E, \ A \in \mathcal{M}, \ \mu(A) < \delta \implies \left| \int_A f(x) d\mu \right| < \varepsilon \tag{10.2}$$

証明　定理 8.2 により，(10.2) は

$$A \subset E, \ A \in \mathcal{M}, \ \mu(A) < \delta \implies \int_A |f(x)| d\mu < \varepsilon \tag{10.3}$$

によって与えられる.

ステップ 1　E で有界な $f(x)$ に対して (10.3) を示す. すなわち,

$$\exists M > 0 \ ; \ \forall x \in E, \ |f(x)| \le M$$

のとき, $\mu(A) < \delta$ ならば,

$$\int_A |f(x)| d\mu \le M \mu(A) < M \delta \tag{10.4}$$

より, $\delta \le \dfrac{\varepsilon}{M}$ とすればよい.

ステップ 2　非有界な $f(x)$ に対して,

$$f_n(x) := \min\{n, \ |f(x)|\}$$

とすると, $f_n(x)$ は可測, 積分可能であり, (10.4) より, $\delta_n \le \dfrac{\varepsilon}{n}$ に対して,

$$\mu(A) < \delta_n \implies \int_A f_n(x) d\mu < \varepsilon$$

が成り立つ. $f_n(x)$ は単調増加で, $\displaystyle\lim_{n \to \infty} f_n(x) = |f(x)|$ であるから, 定理 9.4 より,

$$\lim_{n \to \infty} \int_A f_n(x) d\mu = \int_A |f(x)| d\mu < \infty$$

よって,

$$\forall \varepsilon > 0, \ \exists N \in \mathbb{N} \ ;$$

$$0 \le \int_A |f(x)| d\mu - \int_A f_N(x) d\mu < \varepsilon$$

よって $\delta \le \dfrac{\varepsilon}{N}$ に対して,

$$\int_A |f(x)|d\mu < \varepsilon + \int_A f_N(x)d\mu < 2\varepsilon \qquad \blacksquare$$

(10.2) より，不定積分は絶対連続であるという[*1].

以下の命題 10.1 は，定理 8.7 で E が区間の場合のものだが，定理 8.7 より仮定が弱められている．

区間 $[a,b]$ でルベーグ積分可能な関数全体からなる集合を $L^1([a,b])$ と表し[*2]，$f \in L^1([a,b])$ に対して，以下のように表す．

$$\int_a^b f(t)dt := \int_{[a,b]} f(x)d\mu$$

命題 10.1 $f(x) \in L^1([a,b])$ であるとき，関数 $F(x) = \displaystyle\int_a^x f(t)dt$ に対して，

$$^\forall x \in [a,b],\ F(x) = 0 \implies f(x) = 0 \text{ a.e. in } [a,b] \tag{10.5}$$

証明 $^\forall x \in [a,b],\ F(x) = 0$ とする．

ステップ 1 任意の区間 $I \subset [a,b]$ で $\displaystyle\int_I f(x)d\mu = 0$ を示す．

区間 $I \subset [a,b]$ は $I = (\alpha, \beta), (\alpha, \beta], [\alpha, \beta), [\alpha, \beta]$ と書け，いずれのときも

$$\int_\alpha^\beta f(t)dt = \int_a^\beta f(t)dt - \int_a^\alpha f(t)dt = 0$$

ステップ 2 開集合 $G \subset [a,b]$ で $\displaystyle\int_G f(x)d\mu = 0$ を示す．

$$\exists I_n = (\alpha_n, \beta_n)\ ;\ G = \bigcup_{n=1}^\infty I_n,\ I_i \cap I_j = \emptyset\ (i \neq j)$$

と表されるから[*3]，

[*1] これは定義 13.5，定理 13.6 に基づく．また定義 10.3，例 10.4 の形でも用いられる．

[*2] L^p 空間については第 15 章で学ぶ．

[*3] $I_n = [\alpha_n, \beta_n)$ とすることもできる．[3, II,§9]，[5, 補題 2.16]，[7, 後篇, 定理 2.1] などを参照のこと．

$$\int_G f(x)d\mu = \sum_{n=1}^{\infty} \int_{\alpha_n}^{\beta_n} f(t)dt = 0$$

ステップ 3 閉集合 $F \subset [a,b]$ で

$$\int_F f(x)d\mu = \int_a^b f(x)dx + \int_{[a,b]\setminus F} f(x)d\mu = 0$$

ステップ 4 $E := \{x \in [a,b] \mid f(x) > 0\}$ とする. $\mu(E) = 0$ を示す.
　定理 10.1 により,

$$^{\forall}\varepsilon > 0,\ \exists \delta > 0\ ;$$

$$E' \in \mathcal{M}\ ;\ E' \subset E,\ \mu(E') < \delta \implies \left| \int_{E'} f(x)d\mu \right| < \varepsilon$$

この δ に対して,定理 4.3 により,

$$\exists F \text{ 閉集合}\ ;\ F \subset E,\ \mu(E \setminus F) < \delta$$

よって, $E' = E \setminus F$ とすると,ステップ 3 より,

$$\left| \int_E f(x)d\mu \right| = \left| \int_F f(x)d\mu + \int_{E\setminus F} f(x)d\mu \right| = \left| \int_{E\setminus F} f(x)d\mu \right| < \varepsilon$$

$\varepsilon > 0$ は任意だから, $\int_E f(x)d\mu = 0$. よって E 上で $f(x) > 0$ ならば,定理 8.6 より $\mu(E) = 0$. 同様に $f(x) < 0$ となる集合も零集合. ■

10.2　不定積分の連続性

命題 10.2 $f \in L^1([a,b])$ であるとき,任意の $x \in [a,b]$ に対して, $f \in L^1([a,x])$ である.

証明 $f \in L^1([a,b])$ に対して,

$$\int_a^b f(t)dt = \int_a^b f^+(t)dt - \int_a^b f^-(t)dt,$$

$$\int_a^b f^+(t)dt < \infty, \qquad \int_a^b f^-(t)dt < \infty \tag{10.6}$$

であり，命題 6.8 より，任意の $x \in [a, b]$ に対して，f は $[a, x]$ で可測であり，

$$\int_a^x f^+(t)dt \le \int_a^b f^+(t)dt, \qquad \int_a^x f^-(t)dt \le \int_a^b f^-(t)dt$$

であるので，$f \in L^1([a, x])$. ■

定理 10.2　(1)　関数 $f(x)$ は $[a, b]$ で積分可能とする．このとき，関数 $F(x) = \displaystyle\int_a^x f(t)dt$ は $[a, b]$ で一様連続である[*4]．
(2)　$\mathbb{R}$ で積分可能な関数 $f(x)$ に対して，$F(x) = \displaystyle\int_{-\infty}^x f(t)dt$ は $\mathbb{R}$ で一様連続である．

証明　(1)　$x, x' \in [a, b]$ に対して，

$$F(x') - F(x) = \int_a^{x'} f(t)dt - \int_a^x f(t)dt$$

であるから，$x' > x$ のとき，

$$|F(x') - F(x)| = \left| \int_x^{x'} f(t)dt \right|$$

であり，$x' < x$ のときも同様であるから，定理 10.1 より，

$$^{\forall}\varepsilon > 0, \ \exists\delta > 0 \ ; \ |x' - x| < \delta \implies |F(x') - F(x)| < \varepsilon$$

(2) は (1) と同様に証明される．■

[*4]　$f(x)$ が連続なら，$F(x)$ は微分可能．$f(x)$ が有界でリーマン積分可能なら，$F(x)$ はリプシッツ (Lipschitz) 連続 ([8, 定理 8.3])．なお，命題 10.2 によって，$[a, b]$ で可積分な $f(x)$ に対して $F(x) = \displaystyle\int_a^x f(t)dt$ は定義される．

10.3　単調関数の微分可能性

$$F(x) := \int_a^x f(t)dt = F^+(x) - F^-(x),$$

$$F^+(x) := \int_a^x f^+(t)dt, \quad F^-(x) := \int_a^x f^-(t)dt \tag{10.7}$$

と表す．$F(x)$ の微分可能性を考える．ここで，$f(x)$ は $[a,b]$ で積分可能とするので，$f(x)$ は $[a,b]$ でほとんどいたるところ有限であり，$F(x)$ は $[a,b]$ で有限となる．よって $F^+(x), F^-(x)$ は有限な単調増加関数なので，有限な単調増加関数の性質を調べることから始める．示すべき目標は

有界閉区間で有限な単調関数の
(I)　不連続点は高々可算である．
(II)　微分不可能な点は零集合である．
(III)　導関数は積分可能である．
これにより，$F(x)$ はほとんどいたるところ微分可能となり，$F'(x)$ は積分可能となる．

━━━━━━━━━━━━━━━━━━━━━━━━━━ 単調関数の連続性

有界閉区間 $[a,b]$ で有限な単調増加関数はリーマン積分可能なので[*5]，定理8.9 より，不連続点の集合は零集合であることがすでに示されている．上記 (I) は次の定理で与えられる．

定理 10.3　有界閉区間 $[a,b]$ で有限な単調増加関数 $f(x)$ の不連続点は高々可算である．

証明　(i)　$^\forall c \in (a,b]$ に対して，$\alpha := \sup\limits_{x \in [a,c)} f(x)$ とすると，

$$^\forall \varepsilon > 0,\ \exists \delta > 0\ ;\ c - \delta < x < c \implies \alpha - \varepsilon < f(x) \le \alpha$$

よって

[*5]　[8, 命題 7.7].

$$\exists f(c-0) := \lim_{x \to c-0} f(x) = \sup_{x \in [a,c)} f(x)$$

同様に $\forall c \in [a,b)$ に対して，

$$\exists f(c+0) := \lim_{x \to c+0} f(x) = \inf_{x \in (c,b]} f(x)$$

よって $\forall x \in (a,b)$ に対して，$f(x+0), f(x-0)$ は存在する．

(ii) $$A_n := \left\{ x \in (a,b) \mid f(x+0) - f(x-0) > \frac{1}{n} \right\}$$

とするとき，A_n の点 x_i が m 個あるならば，

$$\frac{m}{n} < \sum_{i=1}^{m} (f(x_i+0) - f(x_i-0)) \le f(b) - f(a)$$

よって A_n の点は有限個となり，$A = \bigcup_{n=1}^{\infty} A_n$ の点は高々可算である．　■

　以下は，上記 (II) の「有界閉区間で有限な単調関数は，ほとんどいたるところ微分可能である」ことを示すための準備である．

━━━━━━━━━━━━━━━━━━━━━━━━ ディニ微分

　a を関数 $f(x)$ の定義域内の点とするとき，

$$f'(a; x) := \frac{f(x) - f(a)}{x - a} \qquad (x \ne a)$$

を $f(x)$ の a のまわりの平均変化率関数とよぶ．$f(x)$ が $x = a$ で右微分可能であるならば，$\lim_{x \to a+0} f'(a; x)$ が存在し，

$$f'_+(x) := \lim_{x \to a+0} f'(a; x)$$

は $x = a$ での右微分係数である．

　$x \to a + 0$ としたときの $f'(a; x)$ の上極限，下極限をそれぞれ，

$$\begin{aligned} \overline{D}_+ f(a) &:= \varlimsup_{x \to a+0} f'(a; x) \\ \underline{D}_+ f(a) &:= \varliminf_{x \to a+0} f'(a; x) \end{aligned} \tag{10.8}$$

と表す.

$$\underline{D}_+ f(a) \leq \overline{D}_+ f(a) \tag{10.9}$$

が成り立つ. $x = a$ で $f(x)$ が右微分可能であることと

$$\underline{D}_+ f(a) = \overline{D}_+ f(a) \tag{10.10}$$

は同値である. 同様に $x \to a - 0$ としたときの $f'(a; x)$ の上極限, 下極限を
それぞれ,

$$\overline{D}_- f(a) := \varlimsup_{x \to a-0} f'(a; x)$$
$$\underline{D}_- f(a) := \varliminf_{x \to a-0} f'(a; x) \tag{10.11}$$

と表す.

$$\underline{D}_- f(a) \leq \overline{D}_- f(a) \tag{10.12}$$

が成り立つ. $x = a$ で $f(x)$ が左微分可能であることと

$$\underline{D}_- f(a) = \overline{D}_- f(a) \tag{10.13}$$

は同値である.

(10.8),(10.11) をディニ (Dini) 微分という.

例 10.1　(1)
$$f(x) = \begin{cases} 2|x|, & x \in \mathbb{Q} \\ |x|, & x \notin \mathbb{Q} \end{cases} \tag{10.14}$$

に対して, $\overline{D}_+ f(0) = 2$, $\underline{D}_+ f(0) = 1$, $\overline{D}_- f(0) = -1$, $\underline{D}_- f(0) = -2$.

(2)
$$f(x) = \begin{cases} x \sin \dfrac{1}{x}, & x \neq 0 \\ 0, & x = 0 \end{cases}$$

に対して, $f'(0; x) = \sin \dfrac{1}{x}$ より, $\overline{D}_+ f(0) = \overline{D}_- f(0) = 1$, $\underline{D}_+ f(0) =$

$\underline{D}_-f(0) = -1$. なお, $x \neq 0$ に対して, $f'(x) = \sin\dfrac{1}{x} - \dfrac{1}{x}\cos\dfrac{1}{x}$ より, $f'(x)$ は $(0,1]$ で非有界. ◇

(II) は次の定理で与えられる.

定理 10.4（ルベーグ） $f(x)$ は $[a,b]$ で有限で単調増加とする. このとき, $f(x)$ は (a,b) でほとんどいたるところ

$$\overline{D}_+ f(x) \leq \underline{D}_- f(x) \tag{10.15}$$

$$\overline{D}_- f(x) \leq \underline{D}_+ f(x) \tag{10.16}$$

が成り立つ. よって, 有界閉区間で有限な単調関数は, ほとんどいたるところ微分可能である.

(10.9),(10.15),(10.12),(10.16) を順番に用いると,

$$\underline{D}_+ f(x) \leq \overline{D}_+ f(x) \leq \underline{D}_- f(x) \leq \overline{D}_- f(x) \leq \underline{D}_+ f(x)$$

より, ほとんどいたるところ微分可能となる.

系 10.1 $[a,b]$ で積分可能な関数 $f(x)$ に対して, 関数 $F(x) = \displaystyle\int_a^x f(t)dt$ は $[a,b]$ でほとんどいたるところ微分可能である.

以下は定理 10.4 の証明のための準備である.

━━━━━━━━━━━━━━━━━━━━━ **ヴィタリの被覆定理**

定義 10.2 $\mathcal{J}$ の要素はすべて閉区間とする. $A \subset \mathbb{R}$ に対して, $\mathcal{J}$ が A のヴィタリ (Vitali) 被覆 (Vitali covering) であるとは,

$$^\forall x \in A,\ ^\forall \delta > 0,\ \exists I \in \mathcal{J}\ ;\ x \in I\ \wedge\ |I| < \delta \tag{10.17}$$

となることをいう.

例 10.2 $I_{x,n} := \left[x - \dfrac{1}{n}, x + \dfrac{1}{n} \right]$ とするとき,

$$\mathcal{J} := \{ I_{x,n} \mid x \in A,\ n \in \mathbb{N} \}$$

は A のヴィタリ被覆である． ◇

定理 10.5（ヴィタリ (Vitali) の被覆定理）　$A \subset \mathbb{R}$ は $\mu^*(A) < \infty$ をみたすとする．このとき，$\mathcal{J}$ が A のヴィタリ被覆ならば，

$$
\begin{aligned}
&{}^\forall \varepsilon > 0,\ \exists I_1, I_2, \cdots, I_n \in \mathcal{J} \ ; \\
&\mu^*(A \setminus (I_1 \cup \cdots \cup I_n)) < \varepsilon \ \wedge \ I_i \cap I_j = \emptyset \ (i \neq j)
\end{aligned}
\tag{10.18}
$$

が成り立つ．

証明　ステップ 1　開集合 G は

$$
A \subset G, \quad {}^\forall I \in \mathcal{J}, \ I \subset G, \quad \mu(G) < \infty
$$

をみたすとする[6].

$$
{}^\forall I \in \mathcal{J}, \ |I| \leq \mu(G) < \infty
$$

である．

ステップ 2　ある互いに素な $I_1, \cdots, I_n \in \mathcal{J}$ が選ばれているとき，$A \subset I_1 \cup \cdots \cup I_n$ となるならば，証明ができたことになるので，

$$
x_0 \in A \setminus F_n, \quad F_n := I_1 \cup \cdots \cup I_n
$$

とする．$G_n := G \setminus F_n$ とすると，G_n は開集合で $x_0 \in G_n$．よって x_0 の δ 近傍 $U_\delta(x_0) \subset G_n$ がとれるので，

$$
\exists I \in \mathcal{J} \ ; \ x_0 \in I \subset G_n, \ I \cap F_n = \emptyset
$$

よって

$$
\mathcal{J}_n := \{ I \in \mathcal{J} \mid I \cap F_n = \emptyset \}
$$

は空ではないので，

$$
M_n := \sup\{ |I| \mid I \in \mathcal{J}_n \} > 0
$$

---

[6]　G は定理 4.1 の証明と同様につくられる．G からはみだす I があれば，それを除外してもヴィタリ被覆になっている．

よって,

$$\exists I_{n+1} \in \mathcal{J}_n \; ; \; |I_{n+1}| > \frac{M_n}{2}$$

ここで $A \subset F_{n+1} := F_n \cup I_{n+1}$ なら証明が終わる. このように, まず任意に $I_1 \in \mathcal{J}$ を選び, 上述の方法で $I_2, I_3, \cdots$ を求め, 可算無限個の $I_1, I_2, \cdots$ がつくられる. I_n は互いに素であり, $I_n \subset G$ なので,

$$\sum_{n=1}^{\infty} |I_n| \le \mu(G) < \infty$$

より,

$$\lim_{n \to \infty} |I_n| = 0,$$
$$\forall \varepsilon > 0, \; \exists N \in \mathbb{N} \; ; \; \sum_{n=N+1}^{\infty} |I_n| < \frac{\varepsilon}{5} \tag{10.19}$$

ステップ 3 $I_1, I_2, \cdots, I_N$ は (10.18) をみたすことを示す. すなわち $\mu^*(A \setminus F_N) < \varepsilon$ を示す.

(i) $x_1 \in A \setminus F_N$ とする. $x_1 \in G_N$ なので,

$$\exists \tilde{I} \in \mathcal{J}_N \; ; \; x_1 \in \tilde{I} \subset G_N$$

$\tilde{I}$ は $I_{N+1}, I_{N+2}, \cdots$ のどれかと交わる. なぜなら, どれとも交わらないとすると, $\forall n \ge N+1$ について $\tilde{I} \in \mathcal{J}_n$ となり,

$$|\tilde{I}| \le M_n < 2|I_{n+1}| \to 0 \qquad (n \to \infty)$$

となり, $|\tilde{I}| = 0$ となるからである. よって $\tilde{I} \cap I_n \neq \emptyset \; (n > N)$ となる最小の n である N' がとれる.

(ii) $\hat{I}_n \in \mathcal{J}$ は I_n と同じ中点をもち, $|\hat{I}_n| = 5|I_n|$ であるとする. 以下,

$$A \setminus F_N \subset \hat{I}_{N'}$$

を示す.

$$N' > N, \; \tilde{I} \in \mathcal{J}_{N'-1}$$

であるから, $|\tilde{I}| \leq M_{N'-1}$ であり, また $|I_{N'}| \geq \frac{1}{2} M_{N'-1}$ であるから, $|\tilde{I}| \leq 2|I_{N'}|$. $I_{N'}$ の中点を a とすると, $\tilde{I}$ は $I_{N'}$ と交わり, $x_1 \in \tilde{I}$ であるから,

$$|x_1 - a| \leq |\tilde{I}| + \frac{1}{2}|I_{N'}| \leq \frac{5}{2}|I_{N'}| \tag{10.20}$$

より, $x_1 \in \hat{I}_{N'}$.

(iii)　よって

$$A \setminus F_N \subset \hat{I}_{N'} \subset \bigcup_{n=N+1}^{\infty} \hat{I}_n$$

より,

$$\mu^*(A \setminus F_N) \leq \sum_{n=N+1}^{\infty} |\hat{I}_n| = 5 \sum_{n=N+1}^{\infty} |I_n| < \varepsilon \qquad ■$$

定理 10.4 の証明　$E := \{x \in (a,b) \mid \underline{D}_- f(x) < \overline{D}_+ f(x)\}$

が零集合であることを示す. (10.16) は同様に証される.

ステップ 1　　　　$\forall x \in E, \ \exists u, v \in \mathbb{Q}$;

$$\underline{D}_- f(x) < v < u < \overline{D}_+ f(x)$$

よって $v < u$ なる $u, v \in \mathbb{Q}$ に対して

$$E_{u,v} := \{x \in (a,b) \mid \underline{D}_- f(x) < v < u < \overline{D}_+ f(x)\}$$

とすると,

$$E = \bigcup_{u,v \in \mathbb{Q}} E_{u,v} \quad {}^{*7}$$

ここで, $v < u$ なる $(u, v) \in \mathbb{Q} \times \mathbb{Q}$ の集合は可算であるから, $E_{u,v}$ は可算集合族. よって $E_{u,v}$ が零集合なら E も零集合. 以下, $\mu^*(E_{u,v}) = 0$ を背理法で示す.

ステップ 2　(i)　$\mu^*(E_{u,v}) = \alpha > 0$ とする. 定理 4.1 により,

---

^{*7}　これは命題 6.7 の証明と同様の考え方.

$$^\forall \varepsilon > 0, \ \exists G \ \text{開集合} \ ; \ E_{u,v} \subset G, \ \mu(G) < \mu^*(E_{u,v}) + \varepsilon \tag{10.21}$$

ここで,

$$\mathcal{J} := \{[x - h, x] \subset G \mid x \in E_{u,v}, \ h > 0, \ f(x) - f(x - h) < vh\}$$

とすると, $x \in E_{u,v}$ なら $\underline{D}_- f(x) < v$ だから, $\mathcal{J}$ は空ではなく, 任意の $\delta > 0$ に対して $|[x - h, x]| < \delta$ となる $[x - h, x] \in \mathcal{J}$ がとれるので, $E_{u,v}$ のヴィタリ被覆. よって

$$^\forall \varepsilon' > 0, \ \exists I_i = [x_i - h_i, x_i] \in \mathcal{J} \ (i = 1, 2, \cdots, n) \ ;$$

$$\mu^*(E_{u,v} \setminus (I_1 \cup \cdots \cup I_n)) < \varepsilon', \ I_i \cap I_j = \emptyset \ (i \neq j)$$

ここで, I_i は互いに素なので,

$$x_i - h_i < x_i < x_{i+1} - h_{i+1} < x_{i+1} \tag{10.22}$$

とできる.

(ii) $I_1 \cup \cdots \cup I_n \subset G$ かつ I_i は互いに素であることと, (10.21) より,

$$\sum_{i=1}^{n}(f(x_i) - f(x_i - h_i)) < v \sum_{i=1}^{n} h_i = v \sum_{i=1}^{n} |I_i| \leq v\mu(G) < v(\alpha + \varepsilon) \tag{10.23}$$

が成り立つ. また

$$\mu^*(E_{u,v}) \leq \mu^*(E_{u,v} \setminus (I_1 \cup \cdots \cup I_n)) + \mu^*(E_{u,v} \cap (I_1 \cup \cdots \cup I_n))$$

より,

$$\mu^*(E_{u,v} \cap (I_1 \cup \cdots \cup I_n)) > \alpha - \varepsilon' \tag{10.24}$$

であるから, $I_i' := (x_i - h_i, x_i)$ とし, $A := E_{u,v} \cap (I_1' \cup \cdots \cup I_n')$ とすると,

$$\mu^*(A) = \mu^*(E_{u,v} \cap (I_1 \cup \cdots \cup I_n)) > \alpha - \varepsilon' \tag{10.25}$$

ステップ 3　次に A のヴィタリ被覆

$$\mathcal{J}' := \left\{ [x, x+k] \subset \bigcup_{i=1}^{n} I_i' \mid x \in A,\ k > 0,\ f(x+k) - f(x) > uk \right\}$$

の中から選んで,

$$^{\forall}\varepsilon'' > 0,\ \exists J_j := [x_j',\, x_j' + k_j],\ j = 1, 2, \cdots, m\ ;$$

$$x_j' < x_j' + k_j < x_{j+1}' < x_{j+1}' + k_{j+1}$$

$$\mu^* \left(A \setminus \left(\bigcup_{j=1}^{m} J_j \right) \right) < \varepsilon''$$

とできる. よって (10.25) より

$$\sum_{j=1}^{m} (f(x_j' + k_j) - f(x_j')) > u \sum_{j=1}^{m} k_j = u \sum_{j=1}^{m} |J_j|$$

$$\sum_{j=1}^{m} |J_j| > \mu^* \left(A \cap \left(\bigcup_{j=1}^{m} J_j \right) \right) \geq \mu^*(A) - \mu^* \left(A \setminus \left(\bigcup_{j=1}^{m} J_j \right) \right) > \alpha - \varepsilon' - \varepsilon''$$

すなわち,

$$\sum_{j=1}^{m} (f(x_j' + k_j) - f(x_j')) > u(\alpha - \varepsilon' - \varepsilon'') \tag{10.26}$$

ステップ 4　ここで, 各 $J_j \subset I_1' \cup \cdots \cup I_n'$ より, $\displaystyle\bigcup_{j=1}^{m} J_j \subset \bigcup_{i=1}^{n} I_i'$ であり, f は単調増加であるから,

$$\sum_{j=1}^{m} (f(x_j' + k_j) - f(x_j')) \leq \sum_{i=1}^{n} (f(x_i) - f(x_i - h_i)) \tag{10.27}$$

よって, (10.23),(10.26),(10.27) より,

$$u(\alpha - \varepsilon' - \varepsilon'') < v(\alpha + \varepsilon)$$

ここで $\varepsilon' = \varepsilon'' = \varepsilon < \dfrac{\alpha}{2}$ ととると, $\alpha - \varepsilon' - \varepsilon'' = \alpha - 2\varepsilon > 0$ であり, $\varepsilon \to 0$ とすると, $\alpha(v - u) \geq 0$ となるが, これは $v < u,\ \alpha > 0$ に反する.　∎

以下，(III) の「導関数は積分可能である」を示していく．

命題 10.3　有界閉区間 $[a, b]$ で有限な単調増加関数 $f(x)$ の導関数 $f'(x)$ は積分をもつ．

証明　命題 6.6 により，$f(x)$ は可測．定理 10.4 により，$f(x)$ は零集合 N 以外で微分可能．よって $f(x)$ は $[a, b] \setminus N$ で可測なので，

$$g_n(x) := \frac{f\left(x + \dfrac{1}{n}\right) - f(x)}{\dfrac{1}{n}} \geq 0 \tag{10.28}$$

も $[a, b] \setminus N$ で可測．ただし，$x \in (b, b+1]$ で $f(x) = f(b)$ とする．よって $f'(x) = \lim_{n \to \infty} g_n(x)$ も $[a, b] \setminus N$ で可測．$g_n(x) \geq 0$ なので，$[a, b] \setminus N$ で $f'(x) \geq 0$．■

(III) は次の定理で与えられる．

定理 10.6（ルベーグ）　有界閉区間 $[a, b]$ で有限な単調増加関数 $f(x)$ の導関数 $f'(x)$ は積分可能であり，

$$\int_a^b f'(x)dx \leq f(b) - f(a) \tag{10.29}$$

が成り立つ．

証明　$x \in (b, b+1]$ で $f(x) = f(b)$ とする．命題 10.3 とファトゥーの補題により，(10.28) の g_n に対して[*8]

$$\begin{aligned}
\int_a^b f'(x)dx &= \int_{[a,b] \setminus N} f'(x)d\mu \\
&\leq \varliminf_{n \to \infty} \int_{[a,b] \setminus N} g_n(x)d\mu \\
&= \lim_{n \to \infty} n\left(\int_a^b f\left(x + \frac{1}{n}\right)dx - \int_a^b f(x)dx\right)
\end{aligned} \tag{10.30}$$

[*8]　f' は N で定義されないが，g_n は N でも定義される．

ここで，

$$\int_a^b f\left(x+\frac{1}{n}\right)dx = \int_a^{b-\frac{1}{n}} f\left(x+\frac{1}{n}\right)dx + \int_{b-\frac{1}{n}}^b f\left(x+\frac{1}{n}\right)dx$$

$$= \int_{a+\frac{1}{n}}^b f(x)dx + \int_{b-\frac{1}{n}}^b f(b)dx \tag{10.31}$$

なおここで，一般に可測集合 A に対して $A_\alpha := \{x-\alpha \mid x \in A\}$ とするとき，

$$\int_{A_\alpha} f(x+\alpha)d\mu = \int_A f(x)d\mu \tag{10.32}$$

を用いた[*9]．また

$$\int_a^b f(x)dx = \int_a^{a+\frac{1}{n}} f(x)dx + \int_{a+\frac{1}{n}}^b f(x)dx \tag{10.33}$$

であるから，(10.30) の右辺に (10.31),(10.33) を代入すると，f は単調増加であるから，

$$n\left(\int_a^b f\left(x+\frac{1}{n}\right)dx - \int_a^b f(x)dx\right)$$

$$= f(b) - n\int_a^{a+\frac{1}{n}} f(x)dx$$

$$\leq f(b) - f(a) \qquad\qquad\blacksquare$$

例 10.3　(1)　(10.29) で，単調増加関数 $f(x)$ が (a,b) で一定で，$x=a,b$ で不連続で，$f(a) < f(b)$ のとき，(10.29) で等号は成立しない．
(2)　単調増加関数 $f(x)$ が，$[a,b]$ で連続で，ほとんどいたるところ $f'(x)=0$ であっても $f(a) < f(b)$ となり，(10.29) で等号が成立しない例がある．カントール (Cantor) 関数は例 3.5 のカントールの零集合を構成する際，以下のように構成される（図 10.1）．

[*9]　f を単関数 ≥ 0 として (10.32) を確かめ，積分の定義を適用すればよい．

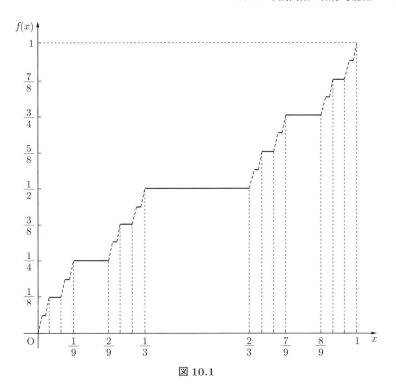

図 10.1

(i)　　　$f(x) = \dfrac{1}{2}$ in $G_{1,1}$,

　　　$f(x) = \dfrac{1}{4}$ in $G_{2,1}$,　　$\dfrac{3}{4}$ in $G_{2,2}$,

　　　$f(x) = \dfrac{1}{8}$ in $G_{3,1}$,　　$\dfrac{3}{8}$ in $G_{3,2}$,　　$\dfrac{5}{8}$ in $G_{3,3}$,　　$\dfrac{7}{8}$ in $G_{3,4}$,

以下同様に繰り返す. $f(x)$ は $G_{n,1}, \cdots, G_{n,2^{n-1}}$ でそれぞれ

$$f(x) = \frac{1}{2^n}, \frac{3}{2^n}, \frac{5}{2^n}, \cdots, \frac{2^n - 1}{2^n} \tag{10.34}$$

(ii)　$f(0) = 0,\ f(1) = 1$ とする.

(iii)　$N = [0,1] \setminus G$ では

$$f(x) = \sup\{f(t) \mid t \in G,\ t < x\}$$

とする.

(iv) $f(x)$ は単調増加. G で $f'(x) = 0$, すなわち $f'(x) = 0$ a.e..

(v) $f(x)$ は連続である.

$x_0 \in [0,1]$ で $f(x)$ は不連続であるとする. $f(x)$ は単調増加なので,

$$f(x_0 - 0) < f(x_0) \ \vee \ f(x_0) < f(x_0 + 0)$$

よって $y = f(x)$ は y 軸上の開区間

$$A_{x_0} := (f(x_0 - 0), f(x_0)) \cup (f(x_0), f(x_0 + 0))$$

に値をとらない. しかし, n を十分大きくとると, $f(x)$ は (10.34) の中で A_{x_0} の点をとるものが存在する.   ◇

10.4 $F'(x) = f(x)$

$[a,b]$ で積分可能な関数 $f(x) \geq 0$ に対して, $F(x) = \displaystyle\int_a^x f(t)dt$ は単調増加で一様連続 (定理 10.2 より). 定理 10.6 により

$$\int_a^b F'(x)dx \leq F(b) - F(a) = F(b) \tag{10.35}$$

が成り立つ. (10.35) の等号成立が以下の定理によって与えられる.

> **定理 10.7**   関数 $f(x)$ は $[a,b]$ で積分可能とする. このとき, 関数 $F(x) = \displaystyle\int_a^x f(t)dt$ に対して,
>
> $$F'(x) = f(x) \ \text{a.e. in } [a,b] \tag{10.36}$$
>
> が成り立つ. (10.36) の両辺を積分すると,
>
> $$\int_a^b F'(t)dt = \int_a^b f(t)dt = F(b) - F(a) \tag{10.37}$$
>
> が成り立つ.

証明 f^+, f^- について (10.36) を証明すれば, $f = f^+ - f^-$ について証明できたことになるので, $f \geq 0$ として証明する.

ステップ 1 f が有界なとき. $0 \leq f(x) \leq M$ とする.

$$^\forall x \in (b, b+1], \quad f(x) = 0, \ F(x) = F(b)$$

とする.

$$g_n(x) := \frac{F\left(x + \dfrac{1}{n}\right) - F(x)}{\dfrac{1}{n}} = n \int_x^{x+\frac{1}{n}} f(t)dt$$

とする. $0 \le f(x) \le M$ より, $0 \le g_n(x) \le M$. ほとんどいたるところ $\lim_{n \to \infty} g_n(x) = F'(x)$ だから, 有界収束定理より,

$$\begin{aligned}
\int_a^x F'(t)dt &= \lim_{n \to \infty} \int_a^x g_n(t)dt \\
&= \lim_{n \to \infty} n \left(\int_a^x F\left(t + \frac{1}{n}\right)dt - \int_a^x F(t)dt \right) \\
&= \lim_{n \to \infty} \frac{1}{\dfrac{1}{n}} \left(\int_x^{x+\frac{1}{n}} F(t)dt - \int_a^{a+\frac{1}{n}} F(t)dt \right) \\
&= \lim_{n \to \infty} \left(\frac{\displaystyle\int_x^{x+\frac{1}{n}} F(t)dt}{\dfrac{1}{n}} - \frac{\displaystyle\int_a^{a+\frac{1}{n}} F(t)dt}{\dfrac{1}{n}} \right)
\end{aligned}$$

ここでも (10.32) を用いた. F は連続なので, リーマン積分に置き換えられ, 積分の平均値の定理により[*10], 右辺は $F(x) - F(a)$ に収束するので,

$$\int_a^x F'(t)dt = F(x) - F(a) = F(x) = \int_a^x f(t)dt$$

すなわち,

$$^\forall x \in [a, b], \quad \int_a^x (F'(t) - f(t))dt = 0$$

よって命題 10.1 より,

$$F'(x) - f(x) = 0 \ \text{a.e. in } [a, b]$$

ステップ 2 非有界な $f \ge 0$ について.

[*10]　[8, 命題 8.3].

(i) 定理 10.6 より, (10.35) が成り立ち,

$$\int_a^b F'(t)dt \leq F(b) = \int_a^b f(t)dt$$

すなわち,

$$\int_a^b (F'(t) - f(t))dt \leq 0$$

よって以下,

$$F'(x) \geq f(x) \text{ a.e. in } [a,b] \tag{10.38}$$

を示せば, $\int_a^b (F'(t) - f(t))dt \geq 0$ となり, 定理 8.6 より, (10.36) が得られる.

(ii) $$f_n(x) := \min\{f(x), n\}, \quad F_n(x) := \int_a^x f_n(t)dt$$

とする.

$$G_n(x) := \int_a^x (f(t) - f_n(t))dt \geq 0$$

に対して,

$$F(x) = \int_a^x f(t)dt = G_n(x) + F_n(x)$$

ここで, $f_n(x) \geq 0$, $(f - f_n)(x) \geq 0$ だから, $F_n(x), G_n(x)$ は単調増加関数であり, ほとんどいたるところ微分可能で, $F_n'(x), G_n'(x) \geq 0$. $f_n(x) \leq n$ なので, ステップ 1 より

$$F_n'(x) = f_n(x) \text{ a.e. in } [a,b] \quad {}^{*11}$$

よって,

$$F'(x) = G_n'(x) + F_n'(x) \geq F_n'(x) = f_n(x) \text{ a.e. in } [a,b] \tag{10.39}$$

であり, 任意の n で成り立つので, (10.38) が得られた. ∎

---

*11 ここで $n \to \infty$ としても (10.36) は得られない.

10.5 絶対連続関数

例 10.3 のカントール関数のように，$[a,b]$ で連続な関数がほとんどいたるところ微分可能であっても，次が成り立つとは限らない．

$$\int_a^b f'(t)dt = f(b) - f(a) \tag{10.40}$$

左辺が意味をもつためには，f はほとんどいたるところ微分可能でなくてはならない．そして f にはより強い性質が必要である．以下では，(10.40) のための必要十分条件を考察する．

━━━━━━━━━━━━━━━━━━━━━━━━━━ **絶対連続関数**

定義 10.3

$$\mathcal{G} := \left\{ \mathbf{I} = \bigcup_{n=1}^{\infty} (a_n, b_n) \subset [a,b] \mid (a_i, b_i) \cap (a_j, b_j) = \emptyset \ (i \neq j) \right\}$$

とする．$[a,b]$ で有限な関数 $f(x)$ が $[a,b]$ で絶対連続であるとは，

$$^{\forall}\varepsilon > 0, \ \exists \delta > 0 \ ;$$

$$\mathbf{I} = \bigcup_{n=1}^{\infty} (a_n, b_n) \in \mathcal{G} \ ; \ \sum_{n=1}^{\infty} (b_n - a_n) < \delta \ \Longrightarrow \ \sum_{n=1}^{\infty} |f(b_n) - f(a_n)| < \varepsilon \tag{10.41}$$

が成り立つことをいう．

例 10.4 $[a,b]$ で可積分な関数 $f(x)$ に対して，$F(x) = \displaystyle\int_a^x f(t)dt$ は，定理 10.1 より，$[a,b]$ で絶対連続である． ◇

定理 10.8 $[a,b]$ で有限な関数 $f(x)$ が $[a,b]$ で絶対連続であるための必要十分条件は，f はほとんどいたるところ微分可能で

$$^{\forall}x \in [a,b], \ \int_a^x f'(t)dt = f(x) - f(a) \tag{10.42}$$

が成り立つことである．

以下は定理 10.8 の証明のための準備である.

定義 10.4 区間 $[a, b]$ の任意の分割 Δ を

$$a = x_0 < x_1 < x_2 < \cdots < x_n = b \tag{10.43}$$

で表すとき, $[a, b]$ 上の関数 $f(x)$ に対して,

$$V(\Delta, f) := \sum_{i=1}^{n} |f(x_i) - f(x_{i-1})| \tag{10.44}$$

が有界であるとき, $f(x)$ は $[a, b]$ で有界変動であるといい,

$$V_{[a,b]}(f) := \sup_{\Delta} V(\Delta, f)$$

を $f(x)$ の $[a, b]$ での変動量という.

命題 10.4 関数 $f(x)$ は $[a, b]$ で有界変動であるとする.
(1) $^{\forall} c \in (a, b)$ に対して,

$$V_{[a,b]}(f) = V_{[a,c]}(f) + V_{[c,b]}(f)$$

(2) $V_{[a,x]}(f)$ は x について単調増加. すなわち

$$a \leq x < x' \leq b \implies V_{[a,x]}(f) \leq V_{[a,x']}(f)$$

(3) $f(x)$ は 2 つの単調増加関数の差で書ける. すなわち

$$f(x) = V_{[a,x]}(f) - \alpha(x)$$

と表すとき, $\alpha(x)$ は単調増加である[*12].

定理 10.9 $[a, b]$ で絶対連続な関数 $f(x)$ は有界変動である. よって, $[a, b]$ で絶対連続な関数は単調増加関数の差で表されるので, ほとんどいたるところ微分可能である.

[*12] [8, 命題 7.9].

証明 (10.41) で $\varepsilon = 1$ としたときの $\delta = \delta_1$ に対して，$N \in \mathbb{N}$ は $N > \dfrac{b-a}{\delta_1}$ をみたすとする．(10.43) の任意の分割 Δ に対して，$V(\Delta, f) \leq N$ を示す．

$[a, b]$ を N 等分割して，

$$a = y_0, \ y_1, \ \cdots, \ y_{N-1}, \ y_N = b,$$
$$\Delta_i := [y_{i-1}, y_i] \ (i = 1, 2, \cdots, N) \tag{10.45}$$

とする．(10.43) の分割 Δ と (10.45) の分割の両方の分割点を順に並べて，

$$a = z_0, \ z_1, \ \cdots, \ z_{m-1}, \ z_m = b \tag{10.46}$$

とする．これらの分割点を分類して，

$$z_0, \cdots, z_{k_1} \in \Delta_1, \ z_{k_1}, \cdots, z_{k_2} \in \Delta_2, \ \cdots, \ z_{k_{N-1}}, \cdots, z_{k_N} \in \Delta_N$$

ただし，Δ の分割点は 2 つの Δ_ℓ に入る．$z_{k_{\ell-1}}, \cdots, z_{k_\ell} \in \Delta_\ell \ (\ell = 1, \cdots, N)$ の個数が m_ℓ 個あるとし，

$$z_{k_{\ell-1}}, z_{k_{\ell-1}+1}, \cdots, z_{k_{\ell-1}+i}, \cdots, z_{k_\ell}$$

と表す．$\varepsilon = 1$，$\delta = \delta_1$ に対して，(10.41) が成り立ち，

$$|z_{k_\ell} - z_{k_{\ell-1}}| \leq |\Delta_\ell| = \frac{b-a}{N} < \delta_1$$

であるから

$$\sum_{i=0}^{m_\ell - 1} |f(z_{k_{\ell-1}+i+1}) - f(z_{k_{\ell-1}+i})| < 1$$

であるから，すべての ℓ についての和をとって，(10.46) に対して，

$$\sum_{j=1}^{m} |f(z_j) - f(z_{j-1})| < N \tag{10.47}$$

となり，$V(\Delta, f) \leq N$ となる[*13]．∎

[*13] ここで，Δ のとなり合う分割点が異なる Δ_ℓ に入るとき，すなわち $x_{i_0} \in \Delta_\ell$，$x_{i_0+1} \in \Delta_{\ell+1}$ のとき，$|f(x_{i_0+1}) - f(x_{i_0})| \leq |f(z_{k_\ell}) - f(x_{i_0})| + |f(x_{i_0+1}) - f(z_{k_\ell})|$ となり，右辺は (10.47) の左辺に含まれることに注意する．

定理 10.10 $f(x)$ が $[a,b]$ で絶対連続であるとき，ほとんどいたるところ $f'(x) = 0$ ならば，$f(x)$ は $[a,b]$ で一定値である．

定理 10.10 の前に定理 10.8 の証明を述べる．

定理 10.8 の証明　(10.42) の $f(x)$ は

$$f(x) = \int_a^x f'(t)dt + f(a)$$

と書け，$\hat{F}(x) = \displaystyle\int_a^x f'(t)dt$ は例 10.4 より絶対連続なので，$f(x)$ も絶対連続．

逆に，f が $[a,b]$ で絶対連続ならば有界変動，よってほとんどいたるところ微分可能で，f' は積分可能．

$$F(x) := f(a) + \int_a^x f'(t)dt$$

とおくと，F は絶対連続で，定理 10.7 より $F'(x) = f'(x)$ a.e. すなわち $(F - f)'(x) = 0$ a.e.. よって定理 10.10 より，絶対連続な関数 $F - f$ は一定値であり，$F(a) = f(a)$ であるから，$F(x) \equiv f(x)$. ■

定理 10.10 の証明　まず $f(b) = f(a)$ を示す．

ステップ 1
$$A := \{x \in (a,b) \mid f'(x) = 0\}$$

とする．ほとんどいたるところ $f'(x) = 0$ なので，$\mu(A) = b - a$ である．

$$x \in A \implies {}^\forall\varepsilon > 0,\ \exists\delta > 0 \ ;$$
$$0 < h < \delta,\ |f(x + h) - f(x)| < \varepsilon h$$

であるから，このような $[x, x + h]$ からなる集合族はヴィタリ被覆になっている．よってこの中から有限個の互いに素な閉区間

$$I_n := [x_n, x_n + h_n] \subset (a,b) \quad (n = 1, 2, \cdots, N), \qquad \sum_{n=1}^N h_n \leq b - a$$

を選んで，(10.41) での ε に対する δ に対して

$$\mu\left(A \cap \left(\bigcup_{n=1}^{N} I_n\right)\right) > \mu(A) - \delta = (b - a) - \delta$$

とできる.

ステップ 2 $\quad [a, b] = \left([a, b] \setminus \left(\bigcup_{n=1}^{N} I_n\right)\right) \cup \left(\bigcup_{n=1}^{N} I_n\right)$

において, $\displaystyle\bigcup_{n=1}^{N} I_n$ では

$$\sum_{n=1}^{N} |f(x_n + h_n) - f(x_n)| < \varepsilon \sum_{n=1}^{N} h_n \leq \varepsilon(b - a) \tag{10.48}$$

である. 一方, $[a, b] \setminus \left(\displaystyle\bigcup_{n=1}^{N} I_n\right)$ は,

$$[a, b] \setminus \left(\bigcup_{n=1}^{N} I_n\right)$$

$$= [a, x_1) \cup \cdots \cup (x_{n-1} + h_{n-1}, x_n) \cup \cdots \cup (x_N + h_N, b]$$

と書けるが,

$$\mu\left([a, b] \setminus \left(\bigcup_{n=1}^{N} I_n\right)\right) = \mu([a, b]) - \mu\left(\bigcup_{n=1}^{N} I_n\right)$$

$$\leq (b - a) - \mu\left(A \cap \left(\bigcup_{n=1}^{N} I_n\right)\right) < \delta$$

であることより, $x_0 = a$, $x_{N+1} = b$, $h_0 = 0$ とすると,

$$\sum_{n=1}^{N+1} |x_n - (x_{n-1} + h_{n-1})| < \delta$$

であるから,

$$\sum_{n=1}^{N+1} |f(x_n) - f(x_{n-1} + h_{n-1})| < \varepsilon \tag{10.49}$$

ステップ 3 よって (10.48),(10.49) により,

$$|f(b) - f(a)| \leq \varepsilon(b - a) + \varepsilon = \varepsilon(b - a + 1)$$

となり，$f(b) = f(a)$ となる．

同様に $x \in (a, b)$ に対して $[a, x]$ においても $f(x) = f(a)$ となる．　∎

10.6　ルベーグ分解

本章冒頭の「(A) 積分して微分するともとの関数にもどる」は定理 10.7 で解決した．

「(B) 微分して積分するともとの関数の積分区間の両端での値の差となる」はカントール関数が反例となっている．

リーマン積分では連続関数 f に対して $F' = f$ をみたす F は $F(x) = \displaystyle\int_a^x f(t)dt + C$ のみであった．定理 10.7 により，$F(x) = \displaystyle\int_a^x f(t)dt$ は (10.36) をみたす．では (10.36) をみたす F は $F(x) = \displaystyle\int_a^x f(t)dt$ 以外にあるだろうか．つまりリーマン積分での原始関数はルベーグ積分ではどのように与えられるだろうか．

$F_1' = f$, $F_2' = f$ のとき，$(F_1 - F_2)' = 0$ となるが，$F_1 - F_2$ はカントール関数のように一定値とは限らない．よって，$G' = f$ のとき，

$$G(x) = \int_a^x f(t)dt + \text{カントール関数}$$

となりうる．

定義 10.5　定数関数ではなく，連続で，ほとんどいたるところ $f'(x) = 0$ となる関数 $f(x)$ を特異関数という．

定理 10.11（ルベーグ (Lebesgue) 分解）　f が $[a, b]$ で絶対連続でない連続な有界変動関数ならば，f は絶対連続関数と特異関数の和で書ける．しかもこの表し方は 1 つしかない．

証明　(i)　f' は積分可能だから，

$$\varphi(x) := f(x) - \int_a^x f'(t)dt \tag{10.50}$$

に対して，

$$\varphi'(x) = f'(x) - f'(x) = 0 \text{ a.e.}$$

f は絶対連続ではなく，$\int_a^x f'(t)dt$ は絶対連続なので，φ は連続だが絶対連続ではない．よって φ は定数関数ではなく，特異関数である．

(ii)　f が，絶対連続関数 g_1, g_2，特異関数 φ_1, φ_2 に対して，$f = g_1 + \varphi_1 = g_2 + \varphi_2$ と書けるとき，

$$(g_1 - g_2)' = (\varphi_1 - \varphi_2)' = \varphi_1' - \varphi_2'$$

で，$\varphi_1', \varphi_2' = 0$ a.e. だから，$(g_1 - g_2)' = 0$ a.e.．$g_1 - g_2$ は絶対連続だから，$g_1 = g_2$．　■

　なお，部分積分と置換積分は割愛とした[*14].

[*14]　[7, 後篇，第 5 章]，[6, 第 6 章] を参照されたい．なお，置換積分を考えるためには，第 6 章の最後に述べた，合成関数の可測性が必要となる．

第11章

ルベーグ重積分

リーマン重積分では，$D = [a,b] \times [c,d]$ で連続関数 $f(x,y)$ に対して重積分

$$\iint_D f(x,y)dxdy \tag{11.1}$$

を考えたが，ここではたとえば

$$f(x,y) = \begin{cases} xy^4, & x \in \mathbb{Q}, \ y \in \mathbb{Q} \\ x^2 y^3, & x \in \mathbb{Q}, \ y \notin \mathbb{Q} \\ x^3 y^2, & x \notin \mathbb{Q}, \ y \in \mathbb{Q} \\ x^4 y, & x \notin \mathbb{Q}, \ y \notin \mathbb{Q} \end{cases} \tag{11.2}$$

に対して，(11.1) を考えたい．なお集合 $A \subset \mathbb{R}^2$ に対して，A 上の特性関数 χ_A を用いると，(11.2) は

$$f(x,y) = xy^4 \chi_{\mathbb{Q} \times \mathbb{Q}} + x^2 y^3 \chi_{\mathbb{Q} \times \mathbb{Q}^c} + x^3 y^2 \chi_{\mathbb{Q}^c \times \mathbb{Q}} + x^4 y \chi_{\mathbb{Q}^c \times \mathbb{Q}^c}$$

$$\tag{11.3}$$

と書くことができる．

リーマン重積分 (11.1) は dx, dy を底辺とし，高さ $f(x,y)$ の直方体の体積の総和で与えられるリーマン和の極限で定義されるが，フビニ (Fubini) の定理によって累次積分と一致する．以下では，同様のことをルベーグ積分で考える．

11.1 $\mathbb{R}^d$ でのルベーグ測度

$d \in \mathbb{N}$ は $d \geq 2$ とする.

$i = 1, 2, \cdots, d$ に対して, I_i が $\mathbb{R}$ の区間であるとき

$$I_1 \times I_2 \times \cdots \times I_d \tag{11.4}$$

を $\mathbb{R}^d$ での区間とよび, その全体を $\mathcal{I}_d$ と書く.

$$I = (a_1, b_1] \times (a_2, b_2] \times \cdots \times (a_d, b_d] \tag{11.5}$$

に対して, I の体積（$d = 2$ のときは面積）は

$$|I| = \prod_{i=1}^{d}(b_i - a_i) \tag{11.6}$$

によって定義される. なおある i に対して, I_i が $(-\infty, b_i]$ または (a_i, ∞) のときは $|I| = \infty$ とする.

　区間和, 集合 $A \subset \mathbb{R}^d$ の covering 族 $\mathbb{U}_A$, ルベーグ外測度 $\mu_d^*(A)$ の定義は $\mathbb{R}$ のときと同様に与えられる. (11.5) に対して

$$\mu_d^*(I) = |I| \tag{11.7}$$

も成り立つ. 集合 A の平行移動

$$B = \{(x_1 + \alpha_1, x_2 + \alpha_2, \cdots, x_d + \alpha_d) \in \mathbb{R}^d \mid (x_1, x_2, \cdots, x_d) \in A\}$$

に対して,

$$\mu_d^*(B) = \mu_d^*(A) \tag{11.8}$$

も証明される[*1]. $\mathbb{R}^d$ における可測集合, 零集合の定義とその性質も同様に与えられる. 同様に得られる μ_d は d 次元ルベーグ測度という. なお 1 次元ルベーグ測度 μ_1 はこれまでと同様 μ と表す.

[*1]　平行移動だけではなく, 回転, 裏返しなどによって, A と B が合同となるならば, (11.8) が成り立つ ([3, VII]).

例 11.1 $(0,\infty) \times \{0\} \subset \mathbb{R}^2$ は $\mathbb{R}^2$ で零集合.

$\varepsilon > 0$ に対して,

$$I_n = (n-1, n] \times \left(-\frac{\varepsilon}{2^n}, \frac{\varepsilon}{2^n}\right]$$

とすると

$$(0,\infty) \times \{0\} \subset \bigcup_{n=1}^{\infty} I_n,$$

$$\sum_{n=1}^{\infty} |I_n| = \sum_{n=1}^{\infty} 2 \cdot \frac{\varepsilon}{2^n} = 2\varepsilon$$

よって, $\mu_2^*((0,\infty) \times \{0\}) = 0$. ◇

以下では

$$\mathbb{R}^d = \mathbb{R}_1 \times \mathbb{R}_2 \times \cdots \times \mathbb{R}_d$$

のように $(x_1, x_2, \cdots, x_d) \in \mathbb{R}^d$ の第 i 成分 x_i の入る $\mathbb{R}$ を $\mathbb{R}_i$ と表す.

例 11.2 $N \subset \mathbb{R}_1$ を零集合とする. このとき $N \times \mathbb{R}_2$ は $\mathbb{R}^2$ の零集合である.

$$J_n := (n-1, n] \cup (-n, -(n-1)] \subset \mathbb{R}_2$$

とし, $K_n = N \times J_n$ とすると,

$$\bigcup_{n=1}^{\infty} K_n = N \times \mathbb{R}_2$$

である. 各 K_n に対して, N の covering

$$\exists \bigcup_{m=1}^{\infty} I_{n,m} \in \mathbb{U}_N \; ; \; \sum_{m=1}^{\infty} |I_{n,m}| < \frac{\varepsilon}{2^n}$$

$\bigcup_{m=1}^{\infty} I_{n,m} \times J_n$ は K_n の covering になっていて,

$$\mu_2(K_n) \leq 2 \sum_{m=1}^{\infty} |I_{n,m}| < 2 \cdot \frac{\varepsilon}{2^n}$$

よって

$$\mu_2(N \times \mathbb{R}_2) \leq \mu_2 \left(\bigcup_{n=1}^{\infty} K_n \right) < 2 \sum_{n=1}^{\infty} \frac{\varepsilon}{2^n} = 2\varepsilon \qquad \Diamond$$

$A \subset \mathbb{R}^2$, $x \in \mathbb{R}_1$ に対して,

$$A_x = \{ y \in \mathbb{R}_2 \mid (x,y) \in A \} \tag{11.9}$$

は $x \in \mathbb{R}_1$ で A を切ったときの $\mathbb{R}_2$ での切り口を与える. このとき $\mathbb{R}_1$ 上の関数

$$f_A(x) := \mu^*(A_x) \tag{11.10}$$

は A の x での切り口の外測度を与える. $x \in \mathbb{R}_1$ に対して $(x,y) \in A$ となる $y \in \mathbb{R}_2$ が存在しなければ, $f_A(x) = \mu^*(\emptyset) = 0$ である.

$\mathbb{R}^d$ のある零集合に属する $x = (x_1, x_2, \cdots, x_d)$ を除き, その他の x に対して, 命題 $\mathbf{P}(x)$ が成り立つとき, 「ほとんどすべての x に対して $\mathbf{P}(x)$ が成り立つ」といい,

$$a.a. \ x, \ \mathbf{P}(x)$$

($a.a.$ は almost all の略) と表す.

11.2 フビニの定理

定理 11.1 $A \subset \mathbb{R}^2$ は可測集合とする. このとき, ほとんどすべての $x \in \mathbb{R}_1$ に対して, A_x は $\mathbb{R}_2$ で可測集合であり, $f_A(x) = \mu(A_x)$ に対して,

$$\int_{\mathbb{R}_1} f_A(x) d\mu = \mu_2(A) \tag{11.11}$$

が成り立つ．すなわち切り口 A_x の測度を x について積分すると A の $\mathbb{R}^2$ での測度となる．

注意　$f_A(x)$ はある零集合 $N \subset \mathbb{R}_1$ では定義されないので，$f_A(x)$ は N で任意の値を与えるものとする．このとき，$\displaystyle\int_{\mathbb{R}_1} f_A(x)d\mu$ は $f_A(x)$ の N での値によらない．

証明　**ステップ 1**　A が区間のとき．

$$A = I_1 \times I_2 = (a_1, b_1] \times (a_2, b_2]$$

とする．

$$A_x = \begin{cases} I_2, & x \in I_1 \\ \emptyset, & x \notin I_1 \end{cases}$$

であるから

$$\int_{\mathbb{R}_1} f_A(x)d\mu = \int_{a_1}^{a_2} (b_2 - b_1)d\mu = \mu_2(A)$$

ステップ 2　A が開集合のとき．

命題 10.1 の証明のステップ 2 と同様，A は互いに交わらない区間の和集合で表すことができる．すなわち，

$$\exists A_n \in \mathcal{I}_2 \,;$$

$$A = \bigcup_{n=1}^{\infty} A_n, \ A_j \cap A_k = \emptyset \ (j \neq k)$$

$$A_n = I_n \times J_n, \ I_n \in \mathcal{I} \subset \mathbb{R}_1, \ J_n \in \mathcal{I} \subset \mathbb{R}_2$$

このとき $A_x = \displaystyle\bigcup_{n=1}^{\infty} (A_n)_x$ で $(A_n)_x$ は $\mathbb{R}_2$ の区間．

$$f_A(x) = \sum_{n=1}^{\infty} \mu((A_n)_x) = \sum_{n=1}^{\infty} f_{A_n}(x)$$

であり，ステップ 1 より f_{A_n} は可測であり，

$$\int_{\mathbb{R}_1} f_{A_n}(x)d\mu = \mu_2(A_n)$$

であるから命題 9.1 より

$$\int_{\mathbb{R}_1} f_A(x)d\mu = \sum_{n=1}^{\infty} \int_{\mathbb{R}_1} f_{A_n}(x)d\mu$$
$$= \sum_{n=1}^{\infty} \mu_2(A_n) = \mu_2(A) \tag{11.12}$$

ステップ 3　A が有界かつ可算個の開集合の共通部分のとき.

$$\exists G_n \in \mathcal{U} \ ; \ A = \bigcap_{n=1}^{\infty} G_n$$

であり，G'_n を

$$G'_1 = G_1, \quad G'_n = G_1 \cap G_2 \cap \cdots \cap G_n \ (n \geq 2)$$

とすると，$G'_{n+1} \subset G'_n$ とできる．以下 G'_n を単に G_n と書き，$G_{n+1} \subset G_n$ とする．A が有界なので，G_1 は有界としてよい．このとき，

$$\lim_{n \to \infty} \mu_2(G_n) = \mu_2(A)$$

ステップ 2 と同様，$(G_n)_x$ は $\mathbb{R}_2$ の開集合であり，$(G_1)_x$ は有界なので，$\mu((G_1)_x) < \infty$ であり，

$$(G_{n+1})_x \subset (G_n)_x, \quad A_x = \bigcap_{n=1}^{\infty} (G_n)_x$$

より A_x は $\mathbb{R}_2$ で可測であり，

$$\lim_{n \to \infty} \mu((G_n)_x) = \mu(A_x)$$

G_n は開集合であるからステップ 2 より $f_{G_n}(x)$ は可測関数．よって

$$f_A(x) = \mu(A_x) = \lim_{n \to \infty} f_{G_n}(x)$$

も可測関数.

$$0 \le f_{G_n}(x) \le f_{G_1}(x)$$

$$\int_{\mathbb{R}_1} f_{G_1}(x)d\mu = \mu(G_1) < \infty$$

であるから，ルベーグ収束定理より

$$\int_{\mathbb{R}_1} f_A(x)d\mu = \lim_{n \to \infty} \int_{\mathbb{R}_1} f_{G_n}(x)d\mu$$

ステップ 2 より

$$\int_{\mathbb{R}_1} f_{G_n}(x)d\mu = \mu_2(G_n)$$

であるから

$$\int_{\mathbb{R}_1} f_A(x)d\mu = \lim_{n \to \infty} \mu_2(G_n) = \mu_2(A)$$

ステップ 4 A が有界な零集合のとき.

定理 4.2(2) の証明より

$$\exists A' \in \mathcal{B} \; ; \; A' = \bigcap_{n=1}^{\infty} G_n, \; G_n \in \mathcal{U}, \; A \subset A',$$
$$\mu_2(A) = \mu_2(A') \tag{11.13}$$

ここで $\mu_2(A) = 0$ であり，ステップ 3 より

$$\int_{\mathbb{R}_1} f_{A'}(x)d\mu = \mu_2(A') = 0 \tag{11.14}$$

$f_{A'}(x) \ge 0$ であるから，(11.14) より

$$a.a. \; x \in \mathbb{R}_1, \; f_{A'}(x) = 0$$

よって

$$a.a. \; x \in \mathbb{R}_1, \; \mu^*(A_x) \le \mu(A'_x) = f_{A'}(x) = 0$$

であるから，$a.a. \; x \in \mathbb{R}_1$ に対して，A_x は $\mathbb{R}_2$ の零集合. よって $f_A(x) = 0$ a.e. であるから，命題 6.9 より，$f_A(x)$ は $\mathbb{R}_1$ で可測関数であり，

$$\int_{\mathbb{R}_1} f_A(x)d\mu = 0 = \mu_2(A)$$

ステップ 5 A が有界なとき.

ステップ 4 と同様に (11.13) をみたす A' が存在する. $E = A' \setminus A$ とおくと, E は有界な零集合であるから, ステップ 4 より

$$a.a. \ x \in \mathbb{R}_1, \ f_E(x) = 0$$

すなわち $N = \{x \in \mathbb{R}_1 \mid \mu(E_x) \neq 0\}$ は $\mathbb{R}_1$ の零集合. $A = A' \setminus E$ [*2] より

$$A_x = A'_x \setminus E_x$$

A' にステップ 3 を適用すると, A'_x は $\mathbb{R}_2$ の可測集合であり, $x \notin N$ に対して, E_x は $\mathbb{R}_2$ の零集合. よって $A_x = A'_x \setminus E_x$ は $\mathbb{R}_2$ の可測集合で

$$\mu(A_x) = \mu(A'_x)$$

よってステップ 3 より

$$\int_{\mathbb{R}_1} f_A(x)d\mu = \int_{\mathbb{R}_1} f_{A'}(x)d\mu$$
$$= \mu_2(A') = \mu_2(A)$$

ステップ 6 一般の A について.

$$B_n(0) = \{(x_1, x_2) \in \mathbb{R}^2 \mid x_1^2 + x_2^2 < n^2\}$$

に対して, $A_n := A \cap B_n(0)$ は有界な可測集合で,

$$A_n \subset A_{n+1}, \quad A = \bigcup_{n=1}^{\infty} A_n,$$
$$\mu_2(A) = \lim_{n \to \infty} \mu_2(A_n)$$

A_n にステップ 5 を適用し, ステップ 5 の N を N_n と書く. $x \notin N_n$ となる x

[*2] $A = A' \cap (A' \cap A^c)^c = A' \setminus (A' \setminus A) = A' \setminus E$.

に対して, $(A_n)_x$ は $\mathbb{R}_2$ の可測集合で, $f_{A_n}(x)$ は $\mathbb{R}_1$ の可測関数. $N = \bigcup_{n=1}^{\infty} N_n$ は零集合であり, $x \notin N$ に対して $A_x = \bigcup_{n=1}^{\infty} (A_n)_x$ は $\mathbb{R}_2$ の可測集合で,

$$f_A(x) = \lim_{n \to \infty} f_{A_n}(x)$$

は $\mathbb{R}_1$ 上の可測関数. よって

$$\int_{\mathbb{R}_1} f_A(x) d\mu = \lim_{n \to \infty} \int_{\mathbb{R}_1} f_{A_n}(x) d\mu$$
$$= \lim_{n \to \infty} \mu_2(A_n) = \mu_2(A) \qquad \blacksquare$$

$\mathbb{R}^d$ での単関数, 可測関数も $d = 1$ のときと同様に定義され, その性質も同様に与えられる. よって $\mathbb{R}^d$ での積分も同様に定義され, その性質, とりわけ収束定理も同様に与えられる.

例 11.3 $f(x) \geq 0$ は $\mathbb{R}_1$ の可測関数, $g(y) \geq 0$ は $\mathbb{R}_2$ の可測関数とする. このとき,

$$h(x, y) = f(x)g(y)$$

は $\mathbb{R}^2$ の可測関数.

$f(x), g(y)$ に対して, 単関数 $f_n(x), g_m(y)$ が存在して,

$$0 \leq f_n \leq f_{n+1}, \qquad \lim_{n \to \infty} f_n(x) = f(x)$$
$$0 \leq g_m \leq g_{m+1}, \qquad \lim_{m \to \infty} g_m(y) = g(y)$$

をみたす. $f_n(x), g_m(y)$ は

$$f_n(x) = \sum_{i=1}^{i_n} a_{n,i} \chi_{E_{n,i}}$$
$$g_m(y) = \sum_{j=1}^{j_m} b_{m,j} \chi_{E'_{m,j}}$$

と書ける. ただし, $E_{n,i}, E'_{m,j}$ は $\mathbb{R}$ の互いに素な可測集合. よって

$$f_n(x)g_m(y) = \left(\sum_{i=1}^{i_n} a_{n,i}\chi_{E_{n,i}}\right)\left(\sum_{j=1}^{j_m} b_{m,j}\chi_{E'_{m,j}}\right)$$

$$= \sum_{i,j} a_{n,i}b_{m,j}\chi_{E_{n,i}\times E'_{m,j}}$$

ここで $E_{n,i} \times E'_{m,j}$ は $\mathbb{R}^2$ の互いに素な可測集合. よって番号をつけかえると，$f_n(x)g_m(y)$ は $\mathbb{R}^2$ の単関数となる.

$$f_n(x)g_m(y) \longrightarrow f(x)g(y)$$

であるから $f(x)g(y)$ は $\mathbb{R}^2$ の可測関数. ◇

$\mathbb{R}^2$ の可測集合 E 上での積分は

$$\iint_E f(x,y)dxdy, \qquad \int_E f(x,y)d\mu_2$$

で表される. $f(x,y)$ が E で積分可能であるとき，$(x,y) \notin E$ に対して，$f(x,y) = 0$ として $f(x,y)$ を $\mathbb{R}^2$ 全体に拡張すると，

$$\iint_E f(x,y)dxdy = \iint_{\mathbb{R}^2} f(x,y)dxdy$$

となる.

定理 11.2（フビニ (Fubini) の定理）　関数 $f(x,y)$ は $\mathbb{R}^2$ で積分可能とする. このとき

(1)　$a.a.\ x \in \mathbb{R}_1$ に対して，$f(x,\cdot)$ は $\mathbb{R}_2$ で積分可能で，

$$a.a.\ x \in \mathbb{R}_1,\ F(x) := \int_{\mathbb{R}_2} f(x,y)dy \tag{11.15}$$

とすると，$F(x)$ は $\mathbb{R}_1$ で積分可能で，

$$\iint_{\mathbb{R}^2} f(x,y)dxdy = \int_{\mathbb{R}_1} F(x)dx \tag{11.16}$$

が成り立つ.

(2)　$a.a.\ y \in \mathbb{R}_2$ に対して，$f(\cdot,y)$ は $\mathbb{R}_1$ で積分可能で，

$$a.a.\ y \in \mathbb{R}_2,\ G(y) := \int_{\mathbb{R}_1} f(x,y)dx \tag{11.17}$$

とすると，$G(y)$ は $\mathbb{R}_2$ で積分可能で，

$$\iint_{\mathbb{R}^2} f(x,y)dxdy = \int_{\mathbb{R}_2} G(y)dy \tag{11.18}$$

が成り立つ.

注意 $F(x), G(y)$ はある零集合上で適当な値を定義するものとする.

証明 (1) は $f^+,\ f^-$ について証明すればよいので $f \geq 0$ として証明する.
ステップ 1 $f(x,y)$ が単関数のとき.

$$E_1, E_2, \cdots, E_m \in \mathcal{M}, \quad E = \bigcup_{i=1}^{m} E_i, \quad E_i \cap E_j = \emptyset \ (i \neq j)$$

$$f(x,y) = \sum_{i=1}^{m} a_i \chi_{E_i}(x,y)$$

とする. このときほとんどすべての $x \in \mathbb{R}_1$ に対して，$(E_i)_x$ は $\mathbb{R}_2$ の可測集合.

$$F_i(x) := \int_{\mathbb{R}_2} \chi_{E_i}(x,y)dy = \mu((E_i)_x)$$

とすると $F_i(x)$ は $\mathbb{R}_1$ で可測で

$$\mu_2(E_i) = \int_{\mathbb{R}_1} F_i(x)dx$$

よって

$$a.a.\ x \in \mathbb{R}_1,\ E_x \in \mathcal{M} \text{ in } \mathbb{R}_2$$

$$F(x) := \int_{\mathbb{R}_2} f(x,y)dy$$

$$= \sum_{i=1}^{m} a_i \int_{\mathbb{R}_2} \chi_{E_i}(x,y)dy$$

$$= \sum_{i=1}^{m} a_i F_i(x)$$

ここで $F(x)$ は $\mathbb{R}_1$ で可測で,

$$
\begin{aligned}
\iint_{\mathbb{R}^2} f(x,y)dxdy &= \sum_{i=1}^m a_i \int_{\mathbb{R}^2} \chi_{E_i} d\mu_2 \\
&= \sum_{i=1}^m a_i \mu_2(E_i) \\
&= \sum_{i=1}^m a_i \int_{\mathbb{R}_1} F_i(x)dx \\
&= \int_{\mathbb{R}_1} \sum_{i=1}^m a_i F_i(x)dx \\
&= \int_{\mathbb{R}_1} F(x)dx
\end{aligned}
$$

ステップ2　$f(x,y)$ が一般の積分可能関数のとき.

単関数列 $f_n(x,y)$ が存在して,

$$
0 \le f_n \le f_{n+1}, \quad f(x,y) = \lim_{n\to\infty} f_n(x,y) \tag{11.19}
$$

とできる. 各 $f_n(x,y)$ について,

$$
F_n(x) := \int_{\mathbb{R}_2} f_n(x,y)dy \tag{11.20}
$$

とする. $F_n(x)$ は $\mathbb{R}_1$ で可測で,

$$
\iint_{\mathbb{R}^2} f_n(x,y)dxdy = \int_{\mathbb{R}_1} F_n(x)dx
$$

よってベッポ・レヴィの定理より

$$
\begin{aligned}
\iint_{\mathbb{R}^2} f(x,y)dxdy &= \iint_{\mathbb{R}^2} \lim_{n\to\infty} f_n(x,y)dxdy \\
&= \lim_{n\to\infty} \iint_{\mathbb{R}^2} f_n(x,y)dxdy \\
&= \lim_{n\to\infty} \int_{\mathbb{R}_1} F_n(x)dx
\end{aligned} \tag{11.21}
$$

一方, 任意の x について $f_n(x,\cdot)$ は単調増加であるから, ベッポ・レヴィの定理より

$$\lim_{n \to \infty} F_n(x) = \lim_{n \to \infty} \int_{\mathbb{R}_2} f_n(x, y) dy$$

$$= \int_{\mathbb{R}_2} \lim_{n \to \infty} f_n(x, y) dy$$

$$= \int_{\mathbb{R}_2} f(x, y) dy = F(x)$$

(11.19), (11.20) より

$$a.a. \ x \in \mathbb{R}_1, \ F_n(x) \le F_{n+1}(x)$$

であるから，再びベッポ・レヴィの定理より

$$\lim_{n \to \infty} \int_{\mathbb{R}_1} F_n(x) dx = \int_{\mathbb{R}_1} \lim_{n \to \infty} F_n(x) dx$$

$$= \int_{\mathbb{R}_1} F(x) dx \tag{11.22}$$

よって (11.21), (11.22) より (11.16) が成り立つ.

(2) も同様に証明される.　∎

IV

抽象的な測度空間

第12章

測度空間

　これまで「区間の長さ」の概念を一般化して,「点集合のルベーグ測度」を定義した. それは, 区間 $(a,b]$ の長さ $b-a$ という区間の両端の情報だけで定まる値から出発して, 点集合の外測度を経て, 可測集合に対してルベーグ測度に至ったわけである. 以下では, この「概念の一般化」の作業自体を一般化したい.

12.1　ルベーグ・スティルチェス測度

　まず区間に対する「長さ」を一般化し, その一般化された長さに対する外測度を構成する.

ステップ1　区間の長さの一般化

　以下で考える区間 $(a,b]$ の新たな「長さ」は $b-a$ とは限らないが, a,b だけで定められるものである. $\mathbb{R}$ の区間族 $\mathcal{I}$ 上の集合関数を以下のように定義する.

定義 12.1　$g(x)$ は $\mathbb{R}$ の右連続, 単調増加関数とする. すなわち

$$x_1 < x_2 \implies -\infty < g(x_1) \leq g(x_2) < \infty$$
$$\lim_{h \to +0} g(x+h) = g(x) \tag{12.1}$$

集合関数 $\ell_g : \mathcal{I} \longrightarrow \mathbb{R}_+ = \{x \in \mathbb{R} \mid x \geq 0\}$ は以下をみたすとする.

$$\ell_g(\emptyset) = 0,$$

$$\ell_g((a,b]) = g(b) - \lim_{h \to +0} g(a+h) = g(b) - g(a),$$

$$\ell_g((a,\infty)) = \lim_{x \to \infty} g(x) - g(a), \tag{12.2}$$

$$\ell_g((-\infty, a]) = g(a) - \lim_{x \to -\infty} g(x)$$

このとき $\ell_g((a,b])$ を $(a,b]$ の g 区間長とよぶ.

g の区間 $(a,b]$ での傾き $\dfrac{g(b) - g(a)}{b-a}$ が大きい区間では長さが大きく,傾きが小さい区間では長さが小さい.

また

$$A, B \in \mathcal{I}, \ A \subset B \implies \ell_g(A) \leq \ell_g(B)$$

は成り立つが,区間の平行移動

$$\ell_g((a + \alpha, b + \alpha]) = \ell_g((a,b])$$

は成り立つとは限らない.

ステップ 2　外測度の構成

(2.11) と同様に $\ell_g((a,b])$ に対する外測度を定義する.

定義 12.2　集合 $A \subset \mathbb{R}$ に対して,

$$\mu_g^*(A) = \inf_{\bigcup_{n=1}^{\infty} I_n \in \mathbb{U}_A} \sum_{n=1}^{\infty} \ell_g(I_n) \tag{12.3}$$

を g によるルベーグ・スティルチェス (Lebesgue-Stieltjes) 外測度または単に g-外測度という.

命題 12.1　(1)

$$\mu_g^*(\emptyset) = 0,$$

$$\forall A \in 2^{\mathbb{R}}, \ \mu_g^*(A) \geq 0$$

(2) $$A \subset B \implies \mu_g^*(A) \le \mu_g^*(B)$$

(3) $$\mu_g^*(A_1 \cup A_2 \cup \cdots) \le \mu_g^*(A_1) + \mu_g^*(A_2) + \cdots$$

(4) $$\mu_g^*((a,b]) = g(b) - g(a)$$

(5) $J_1, J_2 \in \mathcal{F}$ が $J_1 \cap J_2 = \emptyset$ であるとき,

$$\mu_g^*(J_1 \cup J_2) = \mu_g^*(J_1) + \mu_g^*(J_2)$$

証明はこれまでのルベーグ外測度と同様になされる[*1].

なお, 一点からなる集合の g-外測度は 0 とは限らない.

命題 12.2

$$\forall x_0 \in \mathbb{R}, \ \mu_g^*(\{x_0\}) = g(x_0) - g(x_0 - 0)$$

証明　$x_0 \in (a,b]$ となる任意の $(a,b]$ に対して, g の単調増加性により,

$$\ell_g((a,b]) = g(b) - g(a) \ge g(x_0) - g(x_0 - 0)$$

であるから,

$$\mu_g^*(\{x_0\}) \ge g(x_0) - g(x_0 - 0)$$

また $h > 0$ に対して, $\{x_0\} \subset (x_0 - h, x_0]$ だから,

$$\mu_g^*(\{x_0\}) \le g(x_0) - g(x_0 - h)$$

において, $h \to +0$ とすればよい.　■

ステップ 3　測度の構成

定義 12.3　任意の $C \in 2^{\mathbb{R}}$ に対して,

[*1]　(1) は $\ell_g(\emptyset) = 0$ によって与えられる.

$$\mu_g^*(C) = \mu_g^*(C \cap E) + \mu_g^*(C \cap E^c) \tag{12.4}$$

が成り立つとき，E を g-可測集合であるという．g-可測集合全体の集まりを $\mathcal{M}_g$ と書く．

> **定理 12.1** $\mathcal{M}_g$ は加法族，すなわち
>
> $$\begin{aligned} &\emptyset \in \mathcal{M}_g \\ &E \in \mathcal{M}_g \implies E^c \in \mathcal{M}_g \\ &E_n \in \mathcal{M}_g \ (n = 1, 2, \cdots) \implies \bigcup_{n=1}^{\infty} E_n \in \mathcal{M}_g \end{aligned} \tag{12.5}$$
>
> $\mathcal{M}_g$ 上で $\mu_g := \mu_g^*$ は (3.23) の μ を μ_g としたものが成り立ち，
>
> $${}^{\forall}(a, b] \in \mathcal{I}, \ \mu_g((a, b]) = g(b) - g(a)$$
>
> をみたす．

証明はこれまでのルベーグ測度と同様になされる．

12.2 測度の構成

ルベーグ・スティルチェス (Lebesgue-Stieltjes) 測度の構成法をさらに一般化したい．ルベーグ・スティルチェス測度では，「長さ」という集合関数が集合族 $\mathcal{I}$ 上で定義されているとき，全体集合族 $2^{\mathbb{R}}$ 上で外測度を定義し，$\mathcal{I}$ を含む集合族上で可測性をみたすように測度は構成された．

集合 $\mathbb{X}$ に対する $2^{\mathbb{X}}$ での「長さ」の概念の一般化を考える．

まず $2^{\mathbb{X}}$ の部分集合族 $\mathcal{K}$ 上で集合関数 ℓ が定義されているとする．ℓ が「従来の長さ」であり，$\mathcal{K}$ が $\mathcal{F}$ に対応するものであり，「長さ」がすでに定義されている集合族である．ただしここでは区間の両端のような，集合の両端は定義されない．

ℓ に対する外測度 μ_ℓ^* を $2^{\mathbb{X}}$ 上で定義し，集合の可測性をこれまでと同様

に定義し，$\mathcal{K}$ を含む可測集合族上で従来の長さの拡張である測度は定義される．

ステップ1 区間族に対応する集合族

これまで，区間に対して長さが定義された．長さを一般化するにあたり，まず「従来の長さ」を定義できる集合族を設定する．

定義 12.4 集合 $\mathbb{X}$ 上の集合族 $\mathcal{K}$ が有限加法族であるとは，

$$\emptyset \in \mathcal{K},$$
$$I \in \mathcal{K} \implies I^c \in \mathcal{K}, \qquad (12.6)$$
$$I, J \in \mathcal{K} \implies I \cup J \in \mathcal{K}$$

が成り立つことである．

命題 12.3 集合 $\mathbb{X}$ 上の有限加法族 $\mathcal{K}$ に対して，

$$\mathbb{X} \in \mathcal{K},$$
$$I, J \in \mathcal{K} \implies I \cap J = (I^c \cup J^c)^c \in \mathcal{K}, \qquad (12.7)$$
$$I, J \in \mathcal{K} \implies I \setminus J = I \cap J^c \in \mathcal{K}$$

が成り立つ．

例 12.1 $\mathbb{R}$ での有限個の互いに交わらない区間からなる区間和による集合族 $\mathcal{F}$ は，有限加法族である．◇

ステップ2 区間の長さに対応する集合関数

定義 12.5 集合 $\mathbb{X}$ 上の有限加法族 $\mathcal{K}$ で定義された集合関数 ℓ が有限加法的測度であるとは，

$$\ell(\emptyset) = 0,$$
$${}^\forall I \in \mathcal{K}, \ 0 \le \ell(I) \le \infty, \qquad (12.8)$$
$${}^\forall I, {}^\forall J \in \mathcal{K}, \ I \cap J = \emptyset \implies \ell(I \cup J) = \ell(I) + \ell(J)$$

が成り立つことである.

この有限加法的測度が従来の長さに対応するものである.

命題 12.4 有限加法族 $\mathcal{K}$ 上の有限加法的測度 ℓ に対して,

(1) （有限加法性）

$$I_1,\cdots,I_n \in \mathcal{K}\ ;\ I_i \cap I_j = \emptyset\ (i \neq j) \implies \ell\left(\bigcup_{i=1}^n I_i\right) = \sum_{i=1}^n \ell(I_i)$$

(12.9)

(2) （単調性）

$$I, J \in \mathcal{K}\ ;\ I \subset J \implies \ell(I) \leq \ell(J)$$

(12.10)

(3) （有限劣加法性）

$$I_1,\cdots,I_n \in \mathcal{K} \implies \ell\left(\bigcup_{i=1}^n I_i\right) \leq \sum_{i=1}^n \ell(I_i)$$

(12.11)

が成り立つ.

証明 (1) は帰納的に導かれる.

(2) $J = (J \setminus I) \cup I$ において，$(J \setminus I) \cap I = \emptyset$ より,

$$\ell(J) = \ell(J \setminus I) + \ell(I)$$

となるが，$\ell(J \setminus I) \geq 0$ より，$\ell(J) \geq \ell(I)$.

(3) $$J_1 = I_1, \quad J_i = I_i \setminus (I_1 \cup \cdots \cup I_{i-1}) \quad (i = 2, \cdots, n)$$

とおくと,

$$J_i \cap J_j = \emptyset\ (i \neq j), \quad \bigcup_{i=1}^n J_i = \bigcup_{i=1}^n I_i, \quad J_i \subset I_i$$

より,

$$\ell\left(\bigcup_{i=1}^{n} I_i\right) = \ell\left(\bigcup_{i=1}^{n} J_i\right) = \sum_{i=1}^{n} \ell(J_i) \le \sum_{i=1}^{n} \ell(I_i) \qquad \blacksquare$$

定義 12.6 ℓ は有限加法族 $\mathcal{K}$ 上の有限加法的測度とする.

$$I_1, I_2, \cdots \in \mathcal{K} \; ; \; I_i \cap I_j = \emptyset \; (i \ne j)$$

に対して,

$$\bigcup_{n=1}^{\infty} I_n \in \mathcal{K} \implies \ell\left(\bigcup_{n=1}^{\infty} I_n\right) = \sum_{n=1}^{\infty} \ell(I_n) \qquad (12.12)$$

が成り立つとき, ℓ は完全加法的であるという.

例 12.2 ℓ_g は $\mathcal{F}$ で完全加法的であることが示される[*2]. ◇

ステップ 3 有限加法族上の有限加法的測度から外測度をつくる

定義 12.7 集合 $\mathbb{X}$ の部分集合の族 $2^{\mathbb{X}}$ 上の集合関数 ν が

(1) $$\nu(\emptyset) = 0,$$
$$^{\forall}A \in 2^{\mathbb{X}}, \; 0 \le \nu(A) \le \infty$$

(2) （単調性）

$$A, B \in 2^{\mathbb{X}} \; ; \; A \subset B \implies \nu(A) \le \nu(B)$$

(3) （完全劣加法性）

$$\nu\left(\bigcup_{n=1}^{\infty} A_n\right) \le \sum_{n=1}^{\infty} \nu(A_n) \qquad (12.13)$$

をみたすとき, ν を外測度という.

　このように外測度は有限加法的測度とは独立に定義される概念である.

[*2] [2, 定理 4.2], [3, VIII,§2].

定義 12.8　(1)　有限加法族 $\mathcal{K}$ に対して,

$$\mathbb{U} := \left\{ \mathbf{I} = \bigcup_{n=1}^{\infty} I_n \in 2^{\mathbb{X}} \mid I_n \in \mathcal{K} \right\} \tag{12.14}$$

とする.

(2)　ℓ は $\mathcal{K}$ 上の有限加法的測度とする. $\mathbf{I} = \bigcup_{n=1}^{\infty} I_n \in \mathbb{U}$ に対して,

$$\tilde{\ell}(\mathbf{I}) = \tilde{\ell}\left(\bigcup_{n=1}^{\infty} I_n \right) := \ell(I_1) + \ell(I_2) + \ell(I_3) + \cdots \tag{12.15}$$

とする.

(3)　$A \in 2^{\mathbb{X}}$ に対して

$$\begin{aligned} \mathbb{U}_A &:= \left\{ \mathbf{I} = \bigcup_{n=1}^{\infty} I_n \in \mathbb{U} \mid A \subset \mathbf{I} \right\} \\ M_A &= \left\{ \tilde{\ell}(\mathbf{I}) \in [0, \infty] \mid \mathbf{I} = \bigcup_{n=1}^{\infty} I_n \in \mathbb{U}_A \right\} \end{aligned} \tag{12.16}$$

とする.

定理 12.2（有限加法的測度からつくられる外測度）　ℓ は有限加法族 $\mathcal{K}$ 上の有限加法的測度とする.

(1)　$A \in 2^{\mathbb{X}}$ に対して

$$\mu_{\ell}^*(A) := \inf M_A \tag{12.17}$$

は外測度である.

(2)　$I \in \mathcal{K}$, $I_1, I_2, \cdots \in \mathcal{K}$ に対して,

$$I \subset \bigcup_{n=1}^{\infty} I_n \implies \ell(I) \leq \sum_{n=1}^{\infty} \ell(I_n) \tag{12.18}$$

が成り立つとする. このとき, $^{\forall}I \in \mathcal{K}$ に対して

$$\mu_{\ell}^*(I) = \ell(I) \tag{12.19}$$

が成り立つ.

(3) (12.18) が成り立ち, ℓ が完全加法的ならば, μ_ℓ^* は $\mathcal{K}$ で有限加法的測度であり, 完全加法的である. すなわち, $I_1, I_2, \cdots \in \mathcal{K}$ が互いに素であるとき,

$$\bigcup_{n=1}^{\infty} I_n \in \mathcal{K} \implies \mu_\ell^* \left(\bigcup_{n=1}^{\infty} I_n \right) = \sum_{n=1}^{\infty} \mu_\ell^*(I_n)$$

が成り立つ.

証明 (1) 定理 2.1, 定理 2.2 と同様になされる.

(2) $I \in \mathcal{K}$ とする. $I \subset I$ は covering なので,

$$\mu_\ell^*(I) \leq \ell(I)$$

一方, I の covering $\mathbf{I} = \bigcup_{n=1}^{\infty} I_n \in \mathbb{U}_I$ に対して, (12.18) より

$$\ell(I) \leq \sum_{n=1}^{\infty} \ell(I_n)$$

ここで covering の下限をとれば, $\ell(I) \leq \mu_\ell^*(I)$.

(3) (2) と (12.12) より得られる. ∎

$\mu_\ell^*(A)$ を有限加法的測度 ℓ からつくられる A の外測度という.

ステップ 4 外測度から測度を構成する

測度の概念も有限加法的測度, 外測度と独立に定義される. 測度は集合関数だが, 測度がその上で定義されるべき集合族を設定する.

定義 12.9 集合 $\mathbb{X}$ 上の集合族 $\mathcal{B}$ が完全加法族であるとは,

$$\emptyset \in \mathcal{B},$$

$$A \in \mathcal{B} \implies A^c \in \mathcal{B}, \tag{12.20}$$

$$A_n \in \mathcal{B} \ (n = 1, 2, \cdots) \implies \bigcup_{n=1}^{\infty} A_n \in \mathcal{B}$$

が成り立つことである.

完全加法族は σ-加法族，または可算加法族，あるいは単に加法族ともよばれる.

これまでと同様に

命題 12.5 集合 $\mathbb{X}$ 上の完全加法族 $\mathcal{B}$ に対して，

$$\mathbb{X} \in \mathcal{B},$$

$$A, B \in \mathcal{B} \implies A \setminus B = A \cap B^c \in \mathcal{B}, \tag{12.21}$$

$$A_n \in \mathcal{B} \ (n = 1, 2, \cdots) \implies \bigcap_{n=1}^{\infty} A_n \in \mathcal{B}$$

が成り立つ.

定義 12.10 集合 $\mathbb{X}$ の完全加法族 $\mathcal{B}$ 上の集合関数 μ が

$$\mu(\emptyset) = 0,$$

$$^\forall A \in \mathcal{B}, \ 0 \le \mu(A) \le \infty$$

$$A_n \in \mathcal{B} \ (n = 1, 2, \cdots), \ A_i \cap A_j = \emptyset \ (i \neq j) \tag{12.22}$$

$$\implies \mu\left(\bigcup_{n=1}^{\infty} A_n\right) = \sum_{n=1}^{\infty} \mu(A_n)$$

をみたすとき，μ を測度という.

これまでと同様に

命題 12.6 集合 $\mathbb{X}$ の完全加法族 $\mathcal{B}$ 上の測度 μ に対して，

$$A, B \in \mathcal{B} \; ; \; A \subset B \implies \mu(A) \le \mu(B)$$

$$A, B \in \mathcal{B} \; ; \; A \subset B \; \wedge \; \mu(A) < \infty \implies \mu(B \setminus A) = \mu(B) - \mu(A)$$

$$A_n \in \mathcal{B} \; (n = 1, 2, \cdots) \implies \mu \left(\bigcup_{n=1}^{\infty} A_n \right) \le \sum_{n=1}^{\infty} \mu(A_n) \tag{12.23}$$

が成り立つ.

定義 12.11 集合 $\mathbb{X}$ 上の完全加法族 $\mathcal{B}$ での測度 μ に対して, $(\mathbb{X}, \mathcal{B}, \mu)$ を測度空間という.

では外測度が定義されているとき, 測度を定義していこう.

定義 12.12 ν を集合 $\mathbb{X}$ 上の外測度とする. このとき, $A \in 2^{\mathbb{X}}$ が, 任意の $C \in 2^{\mathbb{X}}$ に対して,

$$\nu(C) = \nu(C \cap A) + \nu(C \cap A^c) \tag{12.24}$$

をみたすとき, A を ν-可測集合であるという. ν-可測集合全体の集まりを $\mathcal{M}_\nu$ と書く.

ν-可測集合は外測度があれば, 有限加法的測度がなくても定義される.

定理 12.3 集合 $\mathbb{X}$ 上の外測度 ν に対して,

$$A_1, A_2, \cdots \in \mathcal{M}_\nu \; ; \; A_i \cap A_j = \emptyset \; (i \ne j)$$

とする. このとき,
(1)

$$\bigcup_{i=1}^{\infty} A_i \in \mathcal{M}_\nu \tag{12.25}$$

(2)

$$\nu \left(\bigcup_{i=1}^{\infty} A_i \right) = \sum_{i=1}^{\infty} \nu(A_i) \tag{12.26}$$

証明は定理 3.4 と同様に与えられる.

定理 12.4 集合 $\mathbb{X}$ 上の外測度 ν に対して,$\mathcal{M}_\nu$ は完全加法族であり,ν は $\mathcal{M}_\nu$ の測度である.

証明は定理 3.3 と同様に与えられる.

ステップ 5 有限加法的測度から測度を構成する

定理 12.5 有限加法族 $\mathcal{K}$ 上の有限加法的測度 ℓ に対して,ℓ からつくられる外測度 μ_ℓ^* に対する μ_ℓ^*-可測集合族 $\mathcal{M}_{\mu_\ell^*}$ において,

$$\mathcal{K} \subset \mathcal{M}_{\mu_\ell^*}$$

証明は定理 3.2 と同様に与えられる.

μ_ℓ^* の定義域を $\mathcal{M}_{\mu_\ell^*}$ に制限した集合関数 μ_ℓ は測度となる.$\mathcal{M}_{\mu_\ell^*}$ を単に $\mathcal{M}_{\mu_\ell}$ と書き,$(\mathbb{X}, \mathcal{M}_{\mu_\ell}, \mu_\ell)$ は測度空間となる.

12.3 測度空間の完備化

定義 12.13 測度空間 $(\mathbb{X}, \mathcal{B}, \mu)$ が完備であるとは,

$$\begin{aligned}
&{}^\forall B \in \mathcal{B} \; ; \; \mu(B) = 0, \\
&A \subset B \implies A \in \mathcal{B}
\end{aligned} \tag{12.27}$$

が成り立つことである.

すなわち零集合の部分集合もまた零集合となるとき,測度空間は完備であるという.一般に,零集合の部分集合が $\mathcal{B}$ の要素とは限らない.

命題 12.7 集合 $\mathbb{X}$ 上の外測度 ν に対して,

$$A \in 2^{\mathbb{X}} \; ; \; \nu(A) = 0 \implies A \in \mathcal{M}_\nu$$

すなわち $(\mathbb{X}, \mathcal{M}_\nu, \nu)$ は完備である.

証明 $\quad {}^{\forall}C \in 2^{\mathbb{X}}, \ \nu(C \cap A) \leq \nu(A) = 0,$

$$\nu(C) \geq \nu(C \cap A^c) = \nu(C \cap A) + \nu(C \cap A^c)$$

よって $A \in \mathcal{M}_\nu$. ■

つまり，外測度を経由してつくられる測度空間は完備である.

例 12.3 ルベーグ可測集合族は，ルベーグ外測度からつくられているので完備である. ◇

定義 12.14 測度空間 $(\mathbb{X}, \mathcal{B}, \mu)$ に対して，測度空間 $(\mathbb{X}, \bar{\mathcal{B}}, \bar{\mu})$ が $(\mathbb{X}, \mathcal{B}, \mu)$ の完備化であるとは，

(1) $(\mathbb{X}, \bar{\mathcal{B}}, \bar{\mu})$ は完備である

(2) $\mathcal{B} \subset \bar{\mathcal{B}}$

(3) ${}^{\forall}B \in \mathcal{B}, \ \bar{\mu}(B) = \mu(B)$

(4)

$$\begin{aligned}&{}^{\forall}A \in \bar{\mathcal{B}}, \ \exists B_1, B_2 \in \mathcal{B} \ ; \\ &B_1 \subset A \subset B_2 \ \wedge \ \mu(B_2 \setminus B_1) = 0\end{aligned} \tag{12.28}$$

が成り立つことである.

例 12.4 定理 4.2，定理 4.3 より，ルベーグ可測集合族は，ボレル集合族の完備化である. ◇

完備化の方法 1

測度空間 $(\mathbb{X}, \mathcal{B}, \mu)$ に対して，集合族 $\bar{\mathcal{B}}$ を

$$\begin{aligned}A \in \bar{\mathcal{B}} \iff &\exists B \in \mathcal{B}, \ \exists N' \in 2^{\mathbb{X}}, \ \exists N \in \mathcal{B} \ ; \\ &\mu(N) = 0, \ N' \subset N, \\ &A = B \cup N' \ \vee \ A = B \setminus N'\end{aligned} \tag{12.29}$$

で定める.

命題 12.8 測度空間 $(\mathbb{X}, \mathcal{B}, \mu)$ に対して，集合族 $\bar{\mathcal{B}}$ が (12.29) で定められる

とき,

(1)　$\mathcal{B} \subset \bar{\mathcal{B}}$

(2)　$A \in \bar{\mathcal{B}}$ が (12.29) で $A = B \setminus N'$ で与えられるとき,

$$\exists \tilde{B} \in \mathcal{B}, \ \exists \tilde{N} \subset N ;$$
$$A = \tilde{B} \cup \tilde{N} \tag{12.30}$$

(3)　$A \in \bar{\mathcal{B}}$ が (12.29) で $A = B \cup N'$ で与えられるとき,

$$\exists \hat{B} \in \mathcal{B}, \ \exists \hat{N} \subset N ;$$
$$A = \hat{B} \setminus \hat{N} \tag{12.31}$$

証明　(1)　$A \in \mathcal{B} \implies A = A \cup \emptyset \in \bar{\mathcal{B}}.$

(2)　$N'' := N \setminus N'$ とすると,

$$N' = N \setminus N'' = N \cap N''^c$$

より,

$$\begin{aligned}
B \setminus N' &= B \cap (N \cap N''^c)^c \\
&= B \cap (N^c \cup N'') \\
&= (B \setminus N) \cup (B \cap N'')
\end{aligned} \tag{12.32}$$

よって $\tilde{B} = B \setminus N \in \mathcal{B}$, $\tilde{N} = B \cap N'' \subset N$ に対して, (12.30) が成り立つ.

(3)　(2) と同様に

$$\begin{aligned}
B \cup N' &= B \cup (N \cap N''^c) \\
&= (B \cup N) \setminus (B^c \cap N'')
\end{aligned} \tag{12.33}$$

よって $\hat{B} = B \cup N \in \mathcal{B}$, $\hat{N} = B^c \cap N'' \subset N$ に対して, (12.31) が成り立つ. ■

定理 12.6　(12.29) で定められる $\bar{\mathcal{B}}$ は完全加法族である.

証明　(i)　$\emptyset \in \bar{\mathcal{B}}$ は明らか.

(ii)　$A \in \bar{\mathcal{B}} \implies A^c \in \bar{\mathcal{B}}$

(12.29) で $A = B \cup N'$ のとき

$$A^c = B^c \cap N'^c = B^c \setminus N' \in \bar{\mathcal{B}}$$

$A = B \setminus N'$ のとき $A^c = B^c \cup N' \in \bar{\mathcal{B}}$.

(iii) $A_n \in \bar{\mathcal{B}}$ $(n = 1, 2, \cdots) \implies \bigcup_{n=1}^{\infty} A_n \in \bar{\mathcal{B}}$

(12.29),(12.30) より,

$$\exists B_n \in \mathcal{B},\ \exists N_n \in \mathcal{B}\ ;\ \mu(N_n) = 0,\ \exists N'_n \subset N_n\ ;$$
$$A_n = B_n \cup N'_n$$

より,

$$\bigcup_{n=1}^{\infty} A_n = \left(\bigcup_{n=1}^{\infty} B_n \right) \cup \left(\bigcup_{n=1}^{\infty} N'_n \right)$$
$$\bigcup_{n=1}^{\infty} N'_n \subset \bigcup_{n=1}^{\infty} N_n, \quad \mu \left(\bigcup_{n=1}^{\infty} N_n \right) \le \sum_{n=1}^{\infty} \mu(N_n) = 0 \qquad ■$$

$A \in \bar{\mathcal{B}}$ に対して, (12.29) の $B \in \mathcal{B}$ があるので,

$$\bar{\mu}(A) := \mu(B) \tag{12.34}$$

とする. (12.30)〜(12.33) において, $\mu(B) = \mu(\tilde{B}) = \mu(\hat{B})$ であるから矛盾はないが,

命題 12.9 $A \in \bar{\mathcal{B}}$ に対して, (12.29) の B, N, N' の他に

$$\exists B_1 \in \mathcal{B},\ \exists N_1 \in \mathcal{B}\ ;\ \mu(N_1) = 0,\ \exists N'_1 \subset N_1\ ;$$
$$A = B_1 \cup N'_1\ \lor\ A = B_1 \setminus N'_1$$

と書けるとき,

$$\mu(B) = \mu(B_1)$$

証明 $A = B \cup N' = B_1 \cup N'_1 \implies \mu(B) = \mu(B_1)$ を示せばよい.

$$B \subset B \cap (B \cup N')$$
$$= B \cap (B_1 \cup N_1')$$
$$= (B \cap B_1) \cup (B \cap N_1') \subset (B \cap B_1) \cup N_1$$

よって $\mu(B) \le \mu(B \cap B_1)$ すなわち $\mu(B) = \mu(B \cap B_1)$. 同様に $\mu(B_1) = \mu(B \cap B_1)$. ∎

定理 12.7 (12.29),(12.34) で定められる測度空間 $(\mathbb{X}, \bar{\mathcal{B}}, \bar{\mu})$ は $(\mathbb{X}, \mathcal{B}, \mu)$ の完備化である.

証明 定義 12.14 の (2) は命題 12.8 で示されている. (3) は $A = A \cup \emptyset$ より, (12.29),(12.34) によって与えられる.

(1) $A \in \bar{\mathcal{B}}$ は $\bar{\mu}(A) = 0$ をみたすとする. 以下, $A_1 \subset A \implies A_1 \in \bar{\mathcal{B}}$ を示す.

(12.29),(12.30) によって,

$$\exists B \in \mathcal{B}, \ \exists N \in \mathcal{B} \ ; \ \mu(N) = 0, \ \exists N' \subset N \ ;$$
$$A = B \cup N'$$

ここで $\bar{\mu}(A) = 0$ より, $\mu(B) = 0$ すなわち $\mu(B \cup N) = 0$. $A_1 = \emptyset \cup A_1$ において, $\emptyset \in \mathcal{B}$ であり, $A_1 \subset A \subset B \cup N$. よって, $A_1 \in \bar{\mathcal{B}}$.

(4) (12.29),(12.30) によって,

$$B \subset A \subset B \cup N \ \lor \ \tilde{B} \subset A \subset \tilde{B} \cup N,$$
$$\mu((B \cup N) \setminus B) = 0, \ \mu((\tilde{B} \cup N) \setminus \tilde{B}) = 0 \qquad ∎$$

=== **完備化の方法 2**

命題 12.7 を利用して完備化を考える. 命題 12.7 の証明では, 定義 12.7(2) の外測度の単調性しか使っていない. 命題 12.6 のように, 測度にも単調性はある. しかし任意の部分集合に対して測度が定義できるわけではない.

定義 12.15 測度空間 $(\mathbb{X}, \mathcal{B}, \mu)$ に対して,

$$\forall A \in 2^{\mathbb{X}}, \ \mu^*(A) := \inf_{A \subset B \in \mathcal{B}} \mu(B) \qquad (12.35)$$

を測度 μ から導かれた外測度という.

この μ^* は $B \in \mathcal{B}$ の任意の部分集合 A に対して定義できる.

▎**命題 12.10**　(12.35) の μ^* は外測度である.

証明　(i)　$0 \leq \mu^*(A) \leq \infty$ は明らか.

(ii)　$\emptyset \subset \emptyset \in \mathcal{B}$ より, $0 \leq \mu^*(\emptyset) \leq \mu(\emptyset) = 0$.

(iii)　$A_1 \subset A_2$ とする. $A_1 \subset A_2 \subset B \in \mathcal{B}$ において $\mu^*(A_1) \leq \mu^*(B)$ が成り立ち, この右辺で $\displaystyle\inf_{A_2 \subset B \in \mathcal{B}}$ をとると, $\mu^*(A_1) \leq \mu^*(A_2)$.

(iv)　$\displaystyle \mu^* \left(\bigcup_{n=1}^{\infty} A_n \right) \leq \sum_{n=1}^{\infty} \mu^*(A_n)$ を示す.

$$^{\forall}\varepsilon > 0, \ \exists B_n \in \mathcal{B} \ ;$$

$$A_n \subset B_n \ \wedge \ \mu(B_n) \leq \mu^*(A_n) + \frac{\varepsilon}{2^n}$$

よって $\displaystyle A := \bigcup_{n=1}^{\infty} A_n \subset \bigcup_{n=1}^{\infty} B_n =: B \in \mathcal{B}$ より,

$$\mu^*(A) \leq \mu(B) \leq \sum_{n=1}^{\infty} \mu(B_n) \leq \sum_{n=1}^{\infty} \mu^*(A_n) + \varepsilon \qquad ■$$

▎**命題 12.11**　(1)　$\mathcal{B} \subset \mathcal{M}_{\mu^*}$

(2)　$^{\forall}A \in \mathcal{B}, \ \mu^*(A) = \mu(A)$

証明　(1)　$A \in \mathcal{B} \implies A \in \mathcal{M}_{\mu^*}$ を示す. (12.35) より,

$$^{\forall}C \in 2^{\mathbb{X}}, \ ^{\forall}\varepsilon > 0, \ \exists B \in \mathcal{B} \ ;$$
$$C \subset B \ \wedge \ \mu(B) \leq \mu^*(C) + \varepsilon \tag{12.36}$$

ここで $A \in \mathcal{B}$ に対して,

$$C \cap A \subset B \cap A \in \mathcal{B}, \quad C \cap A^c \subset B \cap A^c \in \mathcal{B}$$

であり, $B \in \mathcal{B}$ より,

$$\mu^*(C \cap A) + \mu^*(C \cap A^c) \leq \mu(B \cap A) + \mu(B \cap A^c)$$
$$= \mu(B) \tag{12.37}$$

(12.36),(12.37) において $\varepsilon \to 0$ として,

$$\mu^*(C \cap A) + \mu^*(C \cap A^c) \leq \mu^*(C)$$

(2) $A \in \mathcal{B}$ のとき, $A \subset A$ より $\inf_{A \subset B \in \mathcal{B}} \mu(B) \leq \mu(A)$ なので, $\mu^*(A) \leq \mu(A)$. 一方,

$$^\forall B \in \mathcal{B}, \ A \subset B \implies \mu(A) \leq \mu(B)$$

の右辺の inf をとれば, $\mu(A) \leq \mu^*(A)$. ∎

このように測度を拡張して任意の部分集合で定義できる外測度を構成し, その可測集合族での測度の拡張を構成した.

定義 12.16 測度空間 $(\mathbb{X}, \mathcal{B}, \mu)$ に対して,

$$\exists X_n \in \mathcal{B} \ ;$$
$$\mathbb{X} = \bigcup_{n=1}^{\infty} X_n, \ \mu(X_n) < \infty \tag{12.38}$$

であるとき, $(\mathbb{X}, \mathcal{B}, \mu)$ は σ-有限, または準有界であるという.

$(\mathbb{X}, \mathcal{B}, \mu)$ が σ-有限であるとき,

$$Y_n := \bigcup_{i=1}^{n} X_i, \quad Y_n \subset Y_{n+1},$$
$$\mu(Y_n) \leq \sum_{i=1}^{n} \mu(X_i) < \infty \tag{12.39}$$
$$\mathbb{X} = \bigcup_{n=1}^{\infty} Y_n$$

とでき, さらに,

$$Z_1 := Y_1, \quad Z_n := Y_n \setminus Y_{n-1} \quad (n \geq 2), \quad \mu(Z_n) < \infty,$$
$$\mathbb{X} = \bigcup_{n=1}^{\infty} Z_n, \quad Z_i \cap Z_j = \emptyset \quad (i \neq j) \tag{12.40}$$

とできる.

定理 12.8　$(\mathbb{X}, \mathcal{B}, \mu)$ が σ-有限であるとき, $(\mathbb{X}, \mathcal{M}_{\mu^*}, \mu^*)$ は $(\mathbb{X}, \mathcal{B}, \mu)$ の完備化である.

証明　定義 12.14 の (1) は命題 12.7 によって, (2),(3) は命題 12.11 によって示されている. 以下 (4) を示す.

$$
\begin{aligned}
&^{\forall}A \in \mathcal{M}_{\mu^*}, \ \exists B, \hat{B} \in \mathcal{B} ; \\
&\hat{B} \subset A \subset B \ \wedge \ \mu(B \setminus \hat{B}) = 0
\end{aligned} \tag{12.41}
$$

を示せばよい.

ステップ 1　$\mu^*(A) < \infty$ のとき.

(i)　$\mu^*(A)$ の定義により,

$$
\begin{aligned}
&^{\forall}n \in \mathbb{N}, \ \exists B_n \in \mathcal{B} ; \\
&A \subset B_n \ \wedge \ \mu(B_n) \leq \mu^*(A) + \frac{1}{n} < \infty
\end{aligned} \tag{12.42}
$$

ここで $A \subset \bigcap_{n=1}^{\infty} B_n =: B \in \mathcal{B}$ であり, $\mu^*(A) < \infty$ より,

$$
\begin{aligned}
\mu^*(B \setminus A) &= \mu^*(B) - \mu^*(A) \\
&= \mu(B) - \mu^*(A) \\
&\leq \mu(B_n) - \mu^*(A)
\end{aligned} \tag{12.43}
$$

(12.42),(12.43) より, $\mu^*(B \setminus A) = 0$.

(ii)　(12.42) において, A を $B \setminus A$ に置き換えて,

$$
\begin{aligned}
&^{\forall}n \in \mathbb{N}, \ \exists B_n' \in \mathcal{B} ; \\
&B \setminus A \subset B_n' \ \wedge \ \mu(B_n') \leq \mu^*(B \setminus A) + \frac{1}{n} = \frac{1}{n}
\end{aligned} \tag{12.44}
$$

よって $B \setminus A \subset \bigcap_{n=1}^{\infty} B_n' =: B' \in \mathcal{B}$ に対して, $\mu(B') = 0$.

(iii)　$\hat{B} := B \setminus B' \in \mathcal{B}$ とすると, $B \setminus A \subset B'$ より,

$$
\hat{B} \subset B \setminus (B \setminus A) = B \cap (B^c \cup A) = A
$$

よって $\hat{B} \subset A \subset B$ が示された.

(iv)
$$B \setminus \hat{B} = B \setminus (B \setminus B') = B \cap (B^c \cup B') \subset B'$$

より,

$$\mu(B \setminus \hat{B}) \leq \mu(B') = 0$$

ステップ 2 $\mu^*(A) = \infty$ のとき.

(12.40) の Z_n に対して, $Z_n \in \mathcal{B} \subset \mathcal{M}_{\mu^*}$ より,

$$A_n := A \cap Z_n \in \mathcal{M}_{\mu^*}, \quad \mu^*(A_n) < \infty$$

ステップ 1 を適用して,

$${}^\forall n \in \mathbb{N}, \exists B_n, \hat{B}_n \in \mathcal{B} \; ;$$
$$\hat{B}_n \subset A_n \subset B_n, \; \mu(B_n \setminus \hat{B}_n) = 0$$

ここで

$$B' := \bigcup_{n=1}^{\infty} B_n \in \mathcal{B}, \quad \hat{B}' := \bigcup_{n=1}^{\infty} \hat{B}_n \in \mathcal{B}$$

とすると定理 4.2(1) の証明と同様に

$$\hat{B}' \subset A \subset B', \quad B' \setminus \hat{B}' \subset \bigcup_{n=1}^{\infty} (B_n \setminus \hat{B}_n)$$

よって

$$\mu(B' \setminus \hat{B}') \leq \sum_{n=1}^{\infty} \mu(B_n \setminus \hat{B}_n) = 0 \qquad \blacksquare$$

————————————————————————————— **2 つの完備化の一致**

定理 12.9 $(\mathbb{X}, \mathcal{B}, \mu)$ が σ-有限であるとき,

$$(\mathbb{X}, \mathcal{M}_{\mu^*}, \mu^*) = (\mathbb{X}, \bar{\mathcal{B}}, \bar{\mu})$$

証明 ステップ 1 $\mathcal{M}_{\mu^*} \subset \bar{\mathcal{B}}$ を示す. $\mathcal{M}_{\mu^*}$ は完備なので,

$$^\forall A \in \mathcal{M}_{\mu^*}, \ \exists B, \hat{B} \in \mathcal{B} \ ; \ \hat{B} \subset A \subset B \ \wedge \ \mu(B \setminus \hat{B}) = 0$$

よって $N = B \setminus \hat{B}$ とおくと，$N' \subset N$ に対して $A = B \setminus N'$ となる N' が存在する．よって $A \in \bar{\mathcal{B}}$ で，$\mu^*(A) = \mu(B) = \bar{\mu}(A)$．

ステップ 2 $\bar{\mathcal{B}} \subset \mathcal{M}_{\mu^*}$ を示す.

$$^\forall A \in \bar{\mathcal{B}}, \ \exists N \in \mathcal{B} \ ; \ \mu(N) = 0 \ \wedge \ B \setminus N \subset A \subset B \cup N$$

ここで $B \setminus N, B \cup N \in \mathcal{B}$ で

$$(B \cup N) \setminus (B \setminus N) = (B \cup N) \cap (B^c \cup N) = N$$

よって μ^* の定義により，

$$\mu^*(A \setminus (B \setminus N)) \le \mu((B \cup N) \setminus (B \setminus N)) = \mu(N) = 0$$

よって $A \setminus (B \setminus N) \in \mathcal{M}_{\mu^*}$ より，

$$A = A \setminus (B \setminus N) \cup (B \setminus N) \in \mathcal{M}_{\mu^*}$$

よって

$$\mathcal{M}_{\mu^*} = \bar{\mathcal{B}} \ \wedge \ \mu^* = \bar{\mu} \qquad\blacksquare$$

―――――――――――――――――――――――――――――――― **等 測 包**

命題 12.12　$(\mathbb{X}, \mathcal{M}_{\mu^*}, \mu^*)$ は測度空間 $(\mathbb{X}, \mathcal{B}, \mu)$ から (12.35) によってつくられた測度空間とする．このとき，$A \subset \mathbb{X}$ に対して，

$$\exists E_A \in \mathcal{M}_{\mu^*} \ ; \ A \subset E_A \ \wedge \ \mu^*(E_A) = \mu^*(A) \tag{12.45}$$

E_A を A の等測包という．E_A は以下をみたすようにできる．

$$
\begin{aligned}
&E_A = \bigcap_{n=1}^{\infty} E_n, \quad E_n \in \mathcal{M}_{\mu^*}, \quad E_{n+1} \subset E_n \\
&\mu^*(A) \le \mu^*(E_n) \le \mu^*(A) + \frac{1}{n}, \\
&E_n = \bigcup_{i=1}^{\infty} I_{n,i}, \quad I_{n,i} \in \mathcal{B}, \quad I_{n,i} \cap I_{n,j} = \emptyset \quad (i \ne j)
\end{aligned}
\tag{12.46}
$$

証明 $\mu^*(A) = \infty$ のときは $E_A = \mathbb{X}$ とすればよい．$\mu^*(A) < \infty$ のときは明らかであろう*3． ∎

12.4 測度空間における積分

定義 12.17 測度空間 $(\mathbb{X}, \mathcal{B}, \mu)$ に対して，$E \in \mathcal{B}$ で定義された関数 $f(x)$ が可測であるとは，

$$^\forall a \in \mathbb{R},\ E(f > a) := \{x \in E \mid f(x) > a\} \in \mathcal{B}$$

が成り立つことをいう．

　第 6 章で述べたことは，命題 6.9 以外すべて成り立つ．命題 6.9 の証明において，$E(f \neq g\ \wedge\ g > a)$ が零集合となるためには $(\mathbb{X}, \mathcal{B}, \mu)$ は完備でなくてはならない．

定義 12.18 $E \in \mathcal{B}$ に対して，$E_k \subset E\ (k = 1, 2, \cdots, n)$ は

$$E_k \in \mathcal{B}, \quad E_i \cap E_j = \emptyset \quad (i \neq j), \quad E = \bigcup_{k=1}^{n} E_k \qquad (12.47)$$

であるとする．可測関数 $f(x) \geq 0$ に対して，

$$L(f, E) := \sum_{k=1}^{n} a_k \mu(E_k), \quad a_k := \inf\{f(x) \mid x \in E_k\}$$

とするとき，f の E での積分を

$$\int_E f(x) d\mu := \sup L(f, E)$$

で定める．ただし，上限はあらゆる分割 (12.47) に対してとるものとする．$f(x)$ が負もとりうるときは，

$$\int_E f(x) d\mu = \int_E f^+(x) d\mu - \int_E f^-(x) d\mu$$

---

*3 $E_{n+1} \subset E_n$ は必要に応じて $E_n = E_1 \cap \cdots \cap E_n$ とすればよい．

とする．上式の少なくとも 1 つは有限であるとき，f は E で積分をもつとい
い，どちらも有限であるとき，f は E で積分可能という．

　第 8 章で述べたことは，定理 8.3(2) 以外すべて成り立つ．定理 8.3(2) は
$(\mathbb{X}, \mathcal{B}, \mu)$ が完備ならば成り立つ．

第13章
加法的集合関数の
ルベーグ分解

　第10章では，絶対連続でない連続な有界変動関数は絶対連続関数と特異関数の和で書けることを示した．ここでは抽象的な測度空間での加法的集合関数でも同様のことが成り立つことを示す．

13.1　完全加法的集合関数

　集合 $\mathbb{X}$ とそこの完全加法族 $\mathcal{B}$ に対して，$(\mathbb{X}, \mathcal{B})$ を可測空間とよぶ．

注意　完全加法族 $\mathcal{B}$ をボレル (Borel) 集合族，$\mathcal{B}$ の要素である集合をボレル (Borel) 集合ということがある．これは第4章でよんだボレル集合とは異なるので注意されたい．

定義 13.1　可測空間 $(\mathbb{X}, \mathcal{B})$ 上の集合関数 ν が

$$\nu : \mathcal{B} \longrightarrow \mathbb{R} \cup \{-\infty\} \tag{13.1}$$

か

$$\nu : \mathcal{B} \longrightarrow \mathbb{R} \cup \{\infty\} \tag{13.2}$$

のいずれかであり，

$$\nu(\emptyset) = 0,$$

$$E_n \in \mathcal{B} \ (n = 1, 2, \cdots), \ E_i \cap E_j = \emptyset \ (i \neq j)$$

$$\Longrightarrow \nu\left(\bigcup_{n=1}^{\infty} E_n\right) = \sum_{n=1}^{\infty} \nu(E_n) \tag{13.3}$$

をみたすとき，ν は完全加法的，または σ-加法的，または単に加法的である
という．この ν が非負であるならば，ν は測度となることより，符号つき測度
ともいう．

例 13.1 測度空間 $(\mathbb{X}, \mathcal{B}, \mu)$ での可測関数 $f(x)$ が積分をもつとき，

$$^\forall E \in \mathcal{B}, \quad \nu_f(E) := \int_E f d\mu \tag{13.4}$$

は (13.3) をみたし，加法的集合関数である． ◇

定理 13.1 可測空間 $(\mathbb{X}, \mathcal{B})$ 上の集合関数 ν が完全加法的であるとき，

(1) $E_1, E_2 \in \mathcal{B}$; $E_1 \subset E_2 \ \wedge \ |\nu(E_2)| < \infty \Longrightarrow |\nu(E_1)| < \infty$ (13.5)

(2) $^\forall n \in \mathbb{N}, \ E_n \in \mathcal{B}$ が $E_1 \subset E_2 \subset \cdots$ のとき，

$$\nu\left(\bigcup_{n=1}^{\infty} E_n\right) = \nu\left(\lim_{n\to\infty} E_n\right) = \lim_{n\to\infty} \nu(E_n) \tag{13.6}$$

(3) $^\forall n \in \mathbb{N}, \ E_n \in \mathcal{B}$ が $E_1 \supset E_2 \supset \cdots$ で $|\nu(E_1)| < \infty$ のとき，

$$\nu\left(\bigcap_{n=1}^{\infty} E_n\right) = \nu\left(\lim_{n\to\infty} E_n\right) = \lim_{n\to\infty} \nu(E_n) \tag{13.7}$$

が成り立つ．

証明 (1) (13.1),(13.2) のいずれかであるから，

$$\nu(E_2) = \nu(E_1) + \nu(E_2 \setminus E_1)$$

において，$|\nu(E_2)| < \infty$ ならば $|\nu(E_1)| \neq \infty$.

(2) **ステップ 1** $^\forall n \in \mathbb{N}, \ \nu(E_n) \in \mathbb{R}$ のとき．

$$\bigcup_{n=1}^{\infty} E_n = E_1 \cup (E_2 \setminus E_1) \cup (E_3 \setminus E_2) \cup \cdots$$

$$\nu(E_{n+1} \setminus E_n) = \nu(E_{n+1}) - \nu(E_n)$$

より (13.6) が得られる.

ステップ 2　$\exists n_0 \in \mathbb{N}$; $|\nu(E_{n_0})| = \infty$ のとき. (1) より $n > n_0$, $|\nu(E_n)| = \infty$. よって $\lim_{n \to \infty} \nu(E_n) = \infty$（または $-\infty$）.

$$\nu \left(\bigcup_{n=1}^{\infty} E_n \right) = \nu(E_{n_0}) + \nu \left(\bigcup_{n=1}^{\infty} E_n \setminus E_{n_0} \right)$$

と (13.1),(13.2) のいずれかであることより, $\nu \left(\bigcup_{n=1}^{\infty} E_n \right) = \infty$（または $-\infty$）.

(3)　(1) より $\forall n \in \mathbb{N}$, $\nu(E_n) \in \mathbb{R}$. $F_1 = E_1 \setminus E_2$, $F_2 = E_2 \setminus E_3, \cdots$ とすると, $F_1, F_2, \cdots, \bigcap_{n=1}^{\infty} E_n$ は互いに素であり,

$$E_1 = \bigcup_{n=1}^{\infty} F_n \cup \bigcap_{n=1}^{\infty} E_n, \quad \nu(F_n) = \nu(E_n) - \nu(E_{n+1})$$

であるから,

$$\begin{aligned}
\nu(E_1) &= \nu \left(\bigcup_{n=1}^{\infty} F_n \right) + \nu \left(\bigcap_{n=1}^{\infty} E_n \right) \\
&= \sum_{n=1}^{\infty} (\nu(E_n) - \nu(E_{n+1})) + \nu \left(\bigcap_{n=1}^{\infty} E_n \right) \\
&= \nu(E_1) - \lim_{n \to \infty} \nu(E_n) + \nu \left(\bigcap_{n=1}^{\infty} E_n \right) \qquad \blacksquare
\end{aligned}$$

13.2　ハーン分解とジョルダン分解

━━━━━━━━━━━━━━━━━━━━━━━━━━━━━ **正集合と負集合**

定義 13.2　可測空間 $(\mathbb{X}, \mathcal{B})$ 上の集合関数 ν は完全加法的であるとする.

(1)　$A \in \mathcal{B}$ が ν について正集合とは,

$$^\forall C \in \mathcal{B} \,;\, C \subset A \implies \nu(C) \geq 0$$

が成り立つことをいう.

(2)　$A \in \mathcal{B}$ が ν について負集合とは,

$$^\forall C \in \mathcal{B} \,;\, C \subset A \implies \nu(C) \leq 0$$

が成り立つことをいう.

　$\emptyset$ は正集合であり, 負集合である.

例 13.2　(1)　$(\mathbb{X}, \mathcal{B}, \mu)$ は測度空間とする. $A \in \mathcal{B}$ は $\mu(A) < \infty$ か $\mu(A^c) < \infty$ とする. このとき,

$$f(x) := \chi_A - \chi_{A^c}$$

に対して, ν_f を (13.4) で定めると, $^\forall C \in \mathcal{B}$ に対して,

$$\nu_f(C) = \mu(A \cap C) - \mu(A^c \cap C)$$

となり, ν_f について A は正集合で, A^c は負集合（図 13.1(a)）.

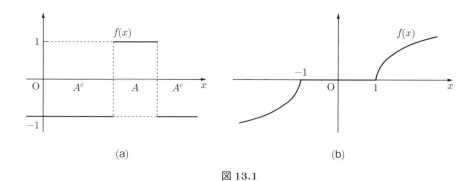

図 13.1

(2)　ルベーグ (Lebesgue) 測度空間 $(\mathbb{R}, \mathcal{M}, \mu)$ での可測関数 $f(x)$ が

$$f(x) \begin{cases} < 0, & x < -1 \\ = 0, & -1 \leq x \leq 1 \\ > 0, & x > 1 \end{cases}$$

であり，積分をもつとする．このとき，$a \in [-1, 1]$ に対して，$A = [a, \infty)$ は (13.4) で定められる ν_f について正集合で，A^c は負集合（図 13.1(b)）． $\diamond$

命題 13.1 可測空間 $(\mathbb{X}, \mathcal{B})$ 上の集合関数 ν は完全加法的であるとする．

(1) $A \in \mathcal{B}$ が ν について正集合のとき，任意の $A_1 \in \mathcal{B}$；$A_1 \subset A$ も正集合で，$\nu(A_1) \leq \nu(A)$.

(2) $E_n \in \mathcal{B}$ $(n = 1, 2, \cdots)$ が ν について正集合ならば，$\bigcup_{n=1}^{\infty} E_n$ も正集合である．

証明 (1) 定義より A_1 は正集合で，

$$\nu(A) = \nu(A_1) + \nu(A \setminus A_1) \geq \nu(A_1)$$

(2) **ステップ 1** $A, B \in \mathcal{B}$ が ν について正集合で $A \cap B = \emptyset$ ならば，$A \cup B$ も正集合であることを示す．

$C \in \mathcal{B}$ は $C \subset A \cup B$ とする．このとき，$A \cap B = \emptyset$ より，

$$\exists A', B' \in \mathcal{B} ; C = A' \cup B' \wedge A' \subset A, B' \subset B$$

よって $\nu(C) = \nu(A') + \nu(B') \geq 0$.

ステップ 2 E_n $(n = 1, 2, \cdots)$ が互いに素ならば，ステップ 1 と同様に $\bigcup_{n=1}^{\infty} E_n$ も正集合．E_n $(n = 1, 2, \cdots)$ が互いに素でないとき，

$$F_1 := E_1, \quad F_n := E_n \setminus (E_1 \cup \cdots \cup E_{n-1}) \quad (n \geq 2)$$

とすると，F_n は互いに素なので，$\bigcup_{n=1}^{\infty} F_n = \bigcup_{n=1}^{\infty} E_n$ も正集合． ∎

定理 13.2 可測空間 $(\mathbb{X}, \mathcal{B})$ 上の集合関数 ν は完全加法的であり，(13.1) をみたすとする．$E \in \mathcal{B}$ は $\nu(E) > 0$ をみたすが，正集合ではないとする．このとき，

$$\exists G \subset E \,;\, G \text{ は正集合 } \land \; \nu(G) > 0 \tag{13.8}$$

証明　ステップ 1　E は正集合ではないので，

$$\exists A \in \mathcal{B} \,;\, A \subset E \; \land \; \nu(A) < 0 \tag{13.9}$$

このとき，(13.9) をみたす A について

$$\exists n \in \mathbb{N} \,;\, \nu(A) < -\frac{1}{n} \tag{13.10}$$

(13.10) をみたす n の最小数が存在するので，それを n_A とする．(13.9) をみたすあらゆる A に対する n_A の最小数を n_1 とすると[*1]，

$$\exists E_1 \in \mathcal{B} \,;\, E_1 \subset E \; \land \; \nu(E_1) < -\frac{1}{n_1} \tag{13.11}$$

ここで $\nu(E) = \nu(E_1) + \nu(E \setminus E_1) > 0$ より，$\nu(E \setminus E_1) > 0$．$E \setminus E_1$ が正集合ならば，$G = E \setminus E_1$ は (13.8) をみたす．よって $E \setminus E_1$ は正集合でないとする．E を $E \setminus E_1$ に置き換えると，

$$\exists n_2 \in \mathbb{N}, \; \exists E_2 \in \mathcal{B} \,;$$
$$E_2 \subset E \setminus E_1 \; \land \; \nu(E_2) < -\frac{1}{n_2}$$

ここで n_1 はあらゆる A に対して (13.10) をみたす最小数だから，$n_1 \le n_2$ [*2]．
　これを繰り返して $E_1, E_2, \cdots, E_k$ をつくると，$E_1, E_2, \cdots, E_k$ は互いに素で，

$$E_k \in \mathcal{B}, \; E_k \subset E \setminus (E_1 \cup \cdots \cup E_{k-1}) \; \land \; \nu(E_k) < -\frac{1}{n_k}$$
$$n_1 \le n_2 \le \cdots \le n_k$$

ステップ 2　この操作が有限回で終わるとする．ある k_0 回で終わるとき，$G' := E \setminus (E_1 \cup \cdots \cup E_{k_0})$ に対して，

[*1]　(13.9) をみたす A を集めれば集めるほど $\nu(A)$ は小さくなっていく．

[*2]　E_1 は (13.10) をみたす n が最小となるまで A を集めたから．

$$\nu(E) = \nu(G') + \sum_{i=1}^{k_0} \nu(E_i) > 0, \quad \sum_{i=1}^{k_0} \nu(E_i) < 0$$

より $\nu(G') > 0$ となり，G' の部分集合 A で $\nu(A) < 0$ となるものは存在しないので，G' は正集合．

ステップ 3　この操作が無限に続くとき，

$$G := E \setminus \left(\bigcup_{i=1}^{\infty} E_i \right) \text{ は正集合 } \wedge \nu(G) > 0 \tag{13.12}$$

を証明する．

(i)　(13.1) により $\nu(G) < \infty$ であるから，

$$\nu(E) = \nu(G) + \sum_{i=1}^{\infty} \nu(E_i) > 0 \tag{13.13}$$

において，$\displaystyle\sum_{i=1}^{\infty} \nu(E_i) \neq -\infty$．

(ii)　よって

$$-\infty < \sum_{i=1}^{\infty} \nu(E_i) < -\sum_{i=1}^{\infty} \frac{1}{n_i} \quad \text{すなわち} \quad 0 < \sum_{i=1}^{\infty} \frac{1}{n_i} < \infty$$

よって $\displaystyle\lim_{i \to \infty} n_i = \infty$．

(iii)　G は正集合．なぜなら

$$A \in \mathcal{B} \,;\; A \subset G \implies {}^{\forall}i \in \mathbb{N}, \; \nu(A) \geq -\frac{1}{n_i}$$

$\displaystyle\lim_{i \to \infty} n_i = \infty$ より $\nu(A) \geq 0$．

(iv)　(13.13) で $\displaystyle\sum_{i=1}^{\infty} \nu(E_i) < 0$ より $\nu(G) > 0$．　∎

━━━━━━━━━━━━━━━━━━━━━━━ **ハーン分解**

定義 13.3　可測空間 $(\mathbb{X}, \mathcal{B})$ 上の集合関数 ν は完全加法的であるとする．$P \in \mathcal{B}$ が ν について正集合で，P^c は負集合であるとき，$\mathbb{X} = P \cup P^c$ を $\mathbb{X}$ の ν についてのハーン (Hahn) 分解という．

$\mathbb{X}$ が正集合のときは，$\mathbb{X} = \mathbb{X} \cup \emptyset$ がハーン分解である．

┃ 定理 13.3　$\mathbb{X}$ の ν についてのハーン分解は少なくとも 1 つ存在する．

証明　(13.1) を仮定する（(13.2) のときは $-\nu$ を ν の代わりとすればよい）．

ステップ 1

$$\mathbb{S} = \{A \in \mathcal{B} \mid A \text{ は正集合}\}$$
$$\alpha = \sup\{\nu(A) \mid A \in \mathbb{S}\} \tag{13.14}$$

とすると，

$$\exists A_n \in \mathbb{S} \,;\, \lim_{n \to \infty} \nu(A_n) = \alpha$$

であるから，$P_m := \bigcup_{n=1}^{m} A_n$ は単調増加な正集合列で，

$$P := \bigcup_{m=1}^{\infty} P_m = \bigcup_{n=1}^{\infty} A_n \in \mathbb{S}$$

定理 13.1 によって，

$$\nu(P) = \lim_{m \to \infty} \nu(P_m) \geq \lim_{m \to \infty} \nu(A_m) = \alpha$$

よって (13.1) より $\alpha \in \mathbb{R}$．

ステップ 2　P は $\mathbb{S}$ の中で最大となるようにつくられた．P^c が負集合であることを示す．以下，

$$\exists E_0 \in \mathcal{B} \,;\, E_0 \subset P^c \,\wedge\, \nu(E_0) > 0 \tag{13.15}$$

と仮定して矛盾を導く．

(i)　まず $E_0 \notin \mathbb{S}$ を示す．$E_0 \in \mathbb{S}$ ならば，命題 13.1 より $P \cup E_0 \in \mathbb{S}$ となるが，$E_0 \cap P = \emptyset$ なので，$\nu(P \cup E_0) = \nu(P) + \nu(E_0) > \alpha$．ここで $\alpha \in \mathbb{R}$ なので，これは (13.14) に反する．

(ii)　よって

$$\nu(E_0) > 0 \,\wedge\, E_0 \notin \mathbb{S} \tag{13.16}$$

となることより，定理 13.2 より，

$$\exists G \subset E_0 \ ; \ G \in \mathbb{S} \ \wedge \ \nu(G) > 0$$

よって，(i) と同様に $\nu(P \cup G) > \alpha$ となり，(13.14) に反する．　■

━━━━━━━━━━━━━━━━━**ハーン分解の一意性に関する性質**

定理 13.4　可測空間 $(\mathbb{X}, \mathcal{B})$ 上の集合関数 ν は完全加法的であるとする．2 つのハーン分解

$$\mathbb{X} = P_1 \cup P_1^c, \quad \mathbb{X} = P_2 \cup P_2^c$$

があり，P_1, P_2 は正集合とする．このとき，

(1)　$P_1 \setminus P_2$, $P_2 \setminus P_1$, $P_1^c \setminus P_2^c$, $P_2^c \setminus P_1^c$ は正集合かつ負集合．よって対称差

$$P_1 \ominus P_2 := (P_1 \cup P_2) \setminus (P_1 \cap P_2) = (P_1 \setminus P_2) \cup (P_2 \setminus P_1)$$

に対して，$P_1 \ominus P_2$, $P_1^c \ominus P_2^c$ も正集合かつ負集合．

(2)　$^\forall E \in \mathcal{B}$, $\nu(E \cap P_1) = \nu(E \cap P_2)$, $\nu(E \cap P_1^c) = \nu(E \cap P_2^c)$

証明　(1)　$P_1 \setminus P_2 = P_1 \cap P_2^c$ は P_1 の部分集合であり，P_2^c の部分集合であるので，命題 13.1 により，正集合かつ負集合．$P_2 \setminus P_1$, $P_1^c \setminus P_2^c$, $P_2^c \setminus P_1^c$ も同様．

(2)　(1) より $^\forall E \in \mathcal{B}$ に対して，

$$\nu(E \cap (P_1 \cup P_2)) = \nu(E \cap ((P_1 \setminus P_2) \cup P_2))$$
$$= \nu(E \cap (P_1 \setminus P_2)) + \nu(E \cap P_2)$$
$$= \nu(E \cap P_2)$$

よって P_1 と P_2 を入れ替えると，

$$\nu(E \cap (P_2 \cup P_1)) = \nu(E \cap P_1)$$

となり，$\nu(E \cap P_1) = \nu(E \cap P_2)$．$\nu(E \cap P_1^c) = \nu(E \cap P_2^c)$ も同様．　■

定理 13.5　可測空間 $(\mathbb{X}, \mathcal{B})$ 上の集合関数 ν は完全加法的であるとする．このとき，2 つの測度 ν^+, ν^- が存在して，

$$\nu = \nu^+ - \nu^- \tag{13.17}$$

が成り立つ．

証明　ハーン分解 $\mathbb{X} = P \cup P^c$ に対して，

$$^\forall E \in \mathcal{B}, \ \nu(E) = \nu(E \cap P) + \nu(E \cap P^c)$$

が成り立ち，

$$\nu^+(E) := \nu(E \cap P), \quad \nu^-(E) := \nu(E \cap P^c)$$

は測度となる．定理 13.4 によって，これらはハーン分解 $\mathbb{X} = P \cup P^c$ のとり方によらない．∎

定義 13.4　可測空間 $(\mathbb{X}, \mathcal{B})$ 上の完全加法的集合関数 ν に対して，(13.17) をみたす測度 ν^+, ν^- を ν のジョルダン (Jordan) 分解という．また測度

$$|\nu| := \nu^+ + \nu^-$$

を ν の全変動という．

例 13.3　測度空間 $(\mathbb{X}, \mathcal{B}, \mu)$ での可測関数 $f(x)$ が積分をもつとき，ν_f を (13.4) で定め，$P := \{x \in \mathbb{R} \mid f(x) \geq 0\}$ でハーン分解 $\mathbb{X} = P \cup P^c$ を定めると，

$$\nu_f^+(E) = \nu(E \cap P) = \int_E f^+ d\mu, \quad \nu_f^-(E) = \nu(E \cap P^c) = \int_E f^- d\mu$$

は ν のジョルダン分解である．◇

13.3　ラドン・ニコディムの定理

定義 13.5　可測空間 $(\mathbb{X}, \mathcal{B})$ 上の完全加法的集合関数 μ, ν に対して，

$$^\forall E \in \mathcal{B}, \ |\mu|(E) = 0 \implies \nu(E) = 0$$

が成り立つとき，ν は μ に対して絶対連続であるといい，$\nu \ll \mu$ と表す.

例 13.4 ルベーグ測度空間 $(\mathbb{R}, \mathcal{M}, \mu)$ での可積分関数 $f(x)$ に対して，ν_f を (13.4) で定めると，ν_f は μ に対して絶対連続である. ◇

命題 13.2 可測空間 $(\mathbb{X}, \mathcal{B})$ 上の完全加法的集合関数 μ, ν に対して，

$$\nu \ll \mu \implies \nu^+ \ll \mu \ \wedge \ \nu^- \ll \mu$$

証明 ν についてのハーン分解 $\mathbb{X} = P \cup P^c$ に対して，$|\mu|(E) = 0$ ならば $|\mu|(E \cap P)| = 0$ なので，$\nu \ll \mu$ のとき，$\nu^+(E) = \nu(E \cap P) = 0$. ν^- も同様. ■

定理 13.6 可測空間 $(\mathbb{X}, \mathcal{B})$ 上の完全加法的集合関数 μ, ν に対して，

(1)
$$^\forall \varepsilon > 0, \ \exists \delta > 0 ;$$
$$^\forall E \in \mathcal{B}, \ |\mu|(E) < \delta \implies |\nu(E)| < \varepsilon \tag{13.18}$$

ならば，ν は μ に対して絶対連続である.

(2) ν が有限なとき，ν が μ に対して絶対連続ならば，(13.18) が成り立つ.

証明 (1) は明らか. (2) について背理法を用いる. 以下，

$$|\nu(A)| = |(\nu^+ - \nu^-)(A)| \le |\nu|(A)$$

に注意する. ν が μ に対して絶対連続かつ，(13.18) が成り立たない，すなわち

$$\exists \varepsilon_0 > 0 ; \ ^\forall n \in \mathbb{N}, \ \exists A_n \in \mathcal{B} ;$$
$$|\mu|(A_n) < \frac{1}{2^n} \ \wedge \ |\nu(A_n)| \ge \varepsilon_0$$

とする. $B_n := \bigcup_{m=n}^{\infty} A_m$ に対して，

$$|\mu|(B_n) \leq \sum_{m=n}^{\infty} |\mu|(A_m) < \sum_{m=n}^{\infty} \frac{1}{2^m} = \frac{1}{2^{n-1}}$$

よって測度 $|\mu|$ に対して定理 3.6 を適用して,

$$|\mu|\left(\lim_{n\to\infty} B_n\right) = \lim_{n\to\infty} |\mu|(B_n) = 0$$

測度 $|\nu|$ は有限なので,定理 3.6 によって,

$$|\nu|\left(\lim_{n\to\infty} B_n\right) = \lim_{n\to\infty} |\nu|(B_n) \geq \overline{\lim_{n\to\infty}} |\nu|(A_n) \geq \overline{\lim_{n\to\infty}} |\nu(A_n)| \geq \varepsilon_0$$

すなわち,$B := \lim_{n\to\infty} B_n$ に対して,

$$|\mu|(B) = 0 \ \wedge \ |\nu|(B) \neq 0$$

命題 13.2 によって,ν が μ に対して絶対連続に反する. ■

例 13.5 (10.2) は $\nu = \nu_f$ について (13.18) をみたす. ◇

例 13.6 定理 13.6(2) は ν が非有界ならば成り立たない.$\mathbb{X} = (0,1)$ とし,$\mathcal{B}$ を $(0,1)$ でのルベーグ可測集合族とし,μ をルベーグ測度とし,$\nu(E) := \int_E \frac{1}{x} d\mu$ とする.ν は非有界である.このとき,$\mu(E) = 0 \implies \nu(E)$ は成り立つが,(13.18) は成り立たない. ◇

ラドン・ニコディムの定理

測度空間 $(\mathbb{X}, \mathcal{B}, \mu)$ での可測関数 $f(x)$ が積分をもつとき,(13.4) で定められる ν_f は完全加法的集合関数で,$f(x)$ が可積分であるとき,ν_f は有限となり,μ-絶対連続で,(13.18) をみたす.では逆に,完全加法的集合関数 ν が有限で,μ-絶対連続で,(13.18) をみたすとき,

$$E \in \mathcal{B}, \ \nu(E) = \int_E f d\mu \tag{13.19}$$

をみたす可積分関数 $f(x)$ は発見できるだろうか.(13.19) をみたす $f(x)$ を ν の密度関数とよぶ.

反例が知られている.

例 13.7　$\mathbb{X} = (0,1)$ とし，$\mathcal{B}$ を $(0,1)$ でのルベーグ可測集合族とし，μ を個数測度とする．すなわち，

$$\mu(E) = \begin{cases} n & (E \text{ が有限集合で，その個数が } n \text{ のとき}) \\ \infty & (E \text{ が無限集合のとき}) \end{cases}$$

とする．ν をルベーグ測度とすると，$|\mu|(E) = 0$ となる E は空集合だけなので，$\nu \ll \mu$ である．任意の $a \in (0,1)$ に対して，$\nu(\{a\}) = f(a) = 0$ より，$f \equiv 0$ となり，$\nu((0,1)) = 0$ となってしまう．このように密度関数が存在するためには μ は無条件ではなく，個数測度が除かれるような条件がつく．この例では $(\mathbb{X}, \mathcal{B}, \mu)$ は σ-有限ではない．なぜならすべてのボレル集合が有限集合の可算個の和で書けるわけではないからである．　◇

定理 13.7（ラドン・ニコディム (Radon-Nikodym)）　測度空間 $(\mathbb{X}, \mathcal{B}, \mu)$ は σ-有限とする．完全加法的集合関数 ν が有限で[*3]，μ-絶対連続であるとき，
(1)　(13.19) をみたす可積分関数 $f(x)$ が存在する．
(2)　この $f(x)$ は一意的である，すなわち，(13.19) をみたす可積分関数 $\hat{f}(x)$ が存在するならば，$\mu(\mathbb{X}(f \neq \hat{f})) = 0$.

このような関数 f はラドン・ニコディム (Radon-Nikodym) 微分とよばれ，$f = \dfrac{d\nu}{d\mu}$ と表される．
以下，証明の準備をする．
可積分関数 $f(x)$ に対して，

$$^\forall E \in \mathcal{B}, \quad \lambda_f(E) := \nu(E) - \int_E f d\mu \tag{13.20}$$

とするとき，

　　$\mathbb{X}$ が λ_f の正集合かつ負集合となるような可測関数 $f(x)$ の一意存在

すなわち，

[*3]　ν が σ-有限でも定理は証明される ([3]).

$$\exists_1 \text{ 可積分関数 } f \; ; \; {}^\forall E \in \mathcal{B}, \; \lambda_f(E) \geq 0 \; \wedge \; \lambda_f(E) \leq 0 \tag{13.21}$$

を示す. 以下,

$$\mathcal{T} := \{f \mid f \geq 0, \; f \text{ は } \mathbb{X} \text{ で積分可能}\}$$
$$\mathcal{F} := \{f \in \mathcal{T} \mid \mathbb{X} \text{ は} \lambda_f \text{の正集合}\} \tag{13.22}$$

とする.

> **命題 13.3**　$(\mathbb{X}, \mathcal{B}, \mu), (\mathbb{X}, \mathcal{B}, \nu)$ は測度空間で, $\nu(\mathbb{X}) < \infty$ とする. (13.22) に対して,
>
> $$\exists \tilde{f} \in \mathcal{F} \; ; \; \int_{\mathbb{X}} \tilde{f}(x) d\mu = \sup\left\{\int_{\mathbb{X}} f(x) d\mu \mid f \in \mathcal{F}\right\} \tag{13.23}$$

証明
$$\alpha := \sup\left\{\int_{\mathbb{X}} f(x) d\mu \mid f \in \mathcal{F}\right\}$$

とおく. $f \equiv 0 \in \mathcal{F}$ なので, $\mathcal{F}$ は空集合ではない. (13.20), (13.22) より $\alpha \leq \nu(\mathbb{X}) < \infty$ である.

$$\exists f_n \in \mathcal{F} \; ; \; \lim_{n \to \infty} \int_{\mathbb{X}} f_n(x) d\mu = \alpha$$

このとき,

$$\tilde{f} := \sup\{f_n \mid n \in \mathbb{N}\} \tag{13.24}$$

とする. さらに $g_n := \max\{f_1, f_2, \cdots, f_n\}$ とすると,

$$\tilde{f} = \lim_{n \to \infty} g_n \; \wedge \; f_n \leq g_n \leq g_{n+1}$$

ベッポ・レヴィの定理より,

$$\alpha = \lim_{n \to \infty} \int_{\mathbb{X}} f_n(x) d\mu \leq \lim_{n \to \infty} \int_{\mathbb{X}} g_n(x) d\mu = \int_{\mathbb{X}} \lim_{n \to \infty} g_n(x) d\mu = \int_{\mathbb{X}} \tilde{f}(x) d\mu \tag{13.25}$$

n を任意に固定する.

$$A_i := \mathbb{X}(g_n(x) = f_i(x)), \quad i = 1, 2, \cdots, n$$

$$B_i := A_i \setminus (A_1 \cup A_2 \cup \cdots \cup A_{i-1}) \in \mathcal{B}, \quad A_0 := \emptyset$$

$$\mathbb{X} = \bigcup_{i=1}^{n} B_i, \quad B_i \cap B_j = \emptyset \ (i \neq j)$$

とおくと[*4],

$$\int_{\mathbb{X}} g_n(x)d\mu = \sum_{i=1}^{n} \int_{B_i} f_i(x)d\mu \leq \sum_{i=1}^{n} \nu(B_i) = \nu(\mathbb{X}) \qquad (13.26)$$

よって $g_n \in \mathcal{F}$ であるから, $\int_{\mathbb{X}} g_n(x)d\mu \leq \alpha$. よって (13.25),(13.26) より,

$$\tilde{f} \in \mathcal{F} \ \wedge \ \int_{\mathbb{X}} \tilde{f}(x)d\mu = \alpha \qquad (13.27)\blacksquare$$

以下, この $\tilde{f}$ が (13.21) の f であることを示していく.

定義 13.6 可測空間 $(\mathbb{X}, \mathcal{B})$ 上の集合関数 ν は完全加法的であるとする. $A \in \mathcal{B}$ が ν について狭義正集合であるとは, A が正集合であり, かつ負集合ではないこと, すなわち

$$^{\forall}C \in \mathcal{B}, \ C \subset A \implies \nu(C) \geq 0$$
$$\exists A_0 \in \mathcal{B} ; \ A_0 \subset A \ \wedge \ \nu(A_0) > 0 \qquad (13.28)$$

が成り立つことをいう.

命題 13.4 測度空間 $(\mathbb{X}, \mathcal{B}, \mu), (\mathbb{X}, \mathcal{B}, \nu)$ は有限, すなわち $\mu(\mathbb{X}) < \infty, \ \nu(\mathbb{X}) < \infty$ とする. $\nu \ll \mu$ とする. このとき, $f \in \mathcal{F}$ に対して, $\mathbb{X}$ が λ_f の狭義正集合で,

$$\exists E_0 \in \mathcal{B} ; \ \lambda_f(E_0) > 0 \ \wedge \ \nu(E_0) > 0 \qquad (13.29)$$

ならば,

[*4] わかりにくければ, $n = 2$ とし, f_1, f_2 のグラフを描いて考えるとよい.

$$\exists g \in \mathcal{F}, \ \exists E_1 \in \mathcal{B}, \ \exists \varepsilon > 0 \ ;$$

$$g \geq f, \tag{13.30}$$

$$E_1 \subset E_0, \ g \geq f + \varepsilon \ \text{in} \ E_1$$

であり，このとき，以下が成り立つ．

$$\int_{\mathbb{X}} g(x)d\mu = \int_{\mathbb{X}} f(x)d\mu + \varepsilon\mu(E_1) \leq \nu(\mathbb{X}) \ \wedge \ \mu(E_1) > 0 \tag{13.31}$$

証明は後述する．

ラドン・ニコディムの定理の証明 (1) ステップ 1 $\mu(\mathbb{X}) < \infty$ のとき.

(i) $\nu \geq 0$ のとき. $f = \tilde{f}$ に対して (13.29) が成り立てば，$f = \tilde{f}$ に対して (13.31) が成り立ち，(13.27) に矛盾する．すなわち $\mathbb{X}$ は $\lambda_{\tilde{f}}$ の正集合だが，狭義正集合ではない．

(ii) $\nu \geq 0$ とは限らないとき. $\nu = \nu^+ - \nu^-$ に対して，$\nu^+, \nu^- \geq 0$ なので，(i) より，

$$\exists f_1, f_2 \in \mathcal{F} \ ; \ {}^\forall E \in \mathcal{B}, \ \nu^+(E) = \int_E f_1 d\mu, \ \nu^-(E) = \int_E f_2 d\mu$$

なので，$f = f_1 - f_2$ とすればよい．

ステップ 2 $\mu(\mathbb{X}) = \infty$ のとき.

μ は σ-有限なので，(12.40) より，

$$\mathbb{X} = \bigcup_{n=1}^{\infty} X_n, \quad X_i \cap X_j = \emptyset \ (i \neq j), \quad \mu(X_n) < \infty$$

とできる．$\mathcal{B}_n := \{E \cap X_n \mid E \in \mathcal{B}\}$ に対して，$(X_n, \mathcal{B}_n, \mu)$ は有限な測度空間である．よって X_n で $\mathcal{F}$ を同様に定義すると，

$$\exists f_n \in \mathcal{F} \ ; \ {}^\forall E \in \mathcal{B}_n, \ \nu(E) = \int_E f_n d\mu$$

$x \in \mathbb{X} \setminus X_n$ に対して $f_n(x) = 0$ として f_n を $\mathbb{X}$ で定義すると，$f := \sum_{n=1}^{\infty} f_n$ は

$\mathbb{X}$ で $f \in \mathcal{F}$ で, $f \geq 0$ なので項別積分ができて, $\forall E \in \mathcal{B}$ に対して,

$$\int_E f(x)d\mu = \sum_{n=1}^{\infty} \int_{E \cap X_n} f_n(x)d\mu = \sum_{n=1}^{\infty} \nu(E \cap X_n) = \nu(E)$$

(2) $\displaystyle \int_{\mathbb{X}} (f(x) - \hat{f}(x))d\mu = 0$ が成り立つことによる. ∎

命題 13.4 の証明 ステップ 1 $\lambda_f(E_0) > 0$ であるから,

$$\exists \varepsilon' > 0 \,;\, \lambda_f(E_0) > \varepsilon' > 0$$

$\mu(\mathbb{X}) < \infty$ であり, $\nu(E_0) > 0$ かつ $\nu \ll \mu$ より, $\mu(E_0) > 0$ であるから, $\varepsilon' = \varepsilon\mu(E_0)$ をみたす $\varepsilon > 0$ がとれるから,

$$\exists \varepsilon > 0 \,;\, \lambda_f(E_0) > \varepsilon\mu(E_0) > 0 \tag{13.32}$$

この $\varepsilon > 0$ に対して, $\lambda_{f+\varepsilon} = \lambda_f - \varepsilon\mu$ のハーン分解 $\mathbb{X} = P \cup P^c$ (P は正集合) が存在する.

ステップ 2 $E_1 = E_0 \cap P$ とし,

$$g(x) = \begin{cases} f(x) + \varepsilon, & x \in E_1 \\ f(x), & x \in E_1^c \end{cases}$$

とする. このとき $E \in \mathcal{B}$ に対して,

$$\int_E g(x)d\mu = \int_E f(x)d\mu + \varepsilon\mu(E_1 \cap E) \tag{13.33}$$

が成り立つ. 一方,

$$\int_E g(x)d\mu = \int_{E \cap E_1} g(x)d\mu + \int_{E \cap E_1^c} g(x)d\mu$$

において, $\lambda_{f+\varepsilon}(E \cap E_1) \geq 0$ より,

$$\int_{E \cap E_1} g(x)d\mu = \int_{E \cap E_1} (f(x) + \varepsilon)d\mu \leq \nu(E \cap E_1)$$

であり, $f \in \mathcal{F}$ より,

$$\int_{E \cap E_1^c} g(x) d\mu = \int_{E \cap E_1^c} f(x) d\mu \le \nu(E \cap E_1^c)$$

よって $\displaystyle\int_E g(x) d\mu \le \nu(E)$, すなわち $g \in \mathcal{F}$ であり,

$$\int_E f(x) d\mu + \varepsilon\mu(E_1 \cap E) \le \nu(E) \tag{13.34}$$

ステップ 3　$\mu(E_1) > 0$ を示す.

$$\nu(E_0) = \nu(E_0 \cap P) + \nu(E_0 \cap P^c) \tag{13.35}$$

において, $\lambda_{f+\varepsilon}(E_0 \cap P^c) \le 0$ より,

$$\nu(E_0 \cap P^c) \le \int_{E_0 \cap P^c} (f(x) + \varepsilon) d\mu \tag{13.36}$$

$\mu(E_1) = \mu(E_0 \cap P) = 0$ ならば, $\nu \ll \mu$ より $\nu(E_0 \cap P) = 0$ すなわち $\displaystyle\int_{E_0 \cap P} (f(x) + \varepsilon) d\mu = 0$ であるから, (13.35),(13.36) より,

$$\nu(E_0) \le \int_{E_0 \cap P^c} (f(x) + \varepsilon) d\mu = \int_{E_0} (f(x) + \varepsilon) d\mu$$

すなわち $\lambda_{f+\varepsilon}(E_0) \le 0$ となり, (13.32) に反する. よって $\mu(E_1) > 0$ であり, (13.34) で $E = \mathbb{X}$ のとき, (13.31) が成り立つ. ∎

=========== **ラドン・ニコディム微分について**

　ルベーグ測度 μ と測度 ν の間に

$$\nu(E) = \int_E f(t) d\mu, \quad f \ge 0$$

が成り立つとき, 写像

$$\mu(E) \longmapsto \nu(E)$$

を考える. $E_x = (0, x]$ に対して,

$$\mu(E_x) = x \longmapsto \nu(E_x) = \int_0^x f(t) d\mu =: F(x)$$

であるから,

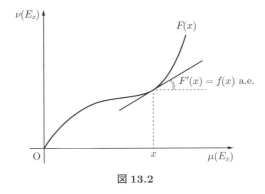

図 13.2

$$\frac{d\nu}{d\mu}(E_x) := \lim_{h \to 0} \frac{\nu(E_{x+h}) - \nu(E_x)}{\mu(E_{x+h}) - \mu(E_x)} = F'(x) = f(x) \text{ a.e.}$$

ここで ν は μ について絶対連続だから, 極限は存在する (図 13.2). これを一般化すると形式的に $\dfrac{d\nu}{d\mu} = f$ と書ける. このように, 可測集合の測度を 1 つの測度から別の測度に変換して考えるとき, 測度を測度で微分するということが考えられる.

13.4 ルベーグ分解

定義 13.7 可測空間 $(\mathbb{X}, \mathcal{B})$ 上の完全加法的集合関数 μ, ν に対して,

$$\exists E_0 \in \mathcal{B} \; ; \; |\mu|(E_0) = 0 \; \wedge \; |\nu|(E_0^c) = 0$$

のとき, ν と μ は互いに特異であるといい, $\nu \perp \mu$ と表す.

例 13.8 可測空間 $(\mathbb{X}, \mathcal{B})$ 上の完全加法的集合関数 ν に対するジョルダン分解 $\nu = \nu^+ - \nu^-$ において, $\nu^+ \perp \nu^-$ である. 実際, ハーン分解 $\mathbb{X} = P \cup P^c$ で, P が正集合であるとき, $\nu^+(P^c) = 0, \nu^-(P) = 0$ が成り立つ. ◇

例 13.9 (1) 可測空間 $(\mathbb{X}, \mathcal{B})$ で, $x \in \mathbb{X}$ とするとき,

$$\delta_x(E) = \begin{cases} 0, & x \notin E \\ 1, & x \in E \end{cases}$$

をディラック (Dirac) 測度という. 以下ではルベーグ (Lebesgue) 可測空間 $(\mathbb{R}, \mathcal{M})$ で, $x = 0$ のときのディラック測度 δ_0 を考える.

$$^{\forall}E \in \mathcal{M} \; ; \; E \subset \mathbb{R} \setminus \{0\}, \quad \delta_0(E) = 0$$

より, δ_0 はルベーグ測度 μ に対して特異である. また

$$\delta_0((-\infty, x]) = H(x) := \begin{cases} 0, & x \in (-\infty, 0) \\ 1, & x \in [0, \infty) \end{cases} \tag{13.37}$$

が成り立つ. H はヘヴィサイド (Heaviside) 関数とよばれる. $H(x)$ は当然 $x = 0$ で微分不可能であるが, 超関数の意味で微分すると,

$$H'(x) = \delta(x) := \begin{cases} \infty, & x = 0 \\ 0, & x \neq 0 \end{cases}$$

ここで超関数 δ をディラック (Dirac) のデルタ関数という[*5]. このように超関数を用いると,

$$\delta_0(E) = \int_E H'(x)d\mu = \int_E \delta(x)d\mu \tag{13.38}$$

と表される[*6].

(2) 以下では, (13.37) において H の代わりにカントール関数とした場合の左辺の測度はどうなるかを考える.

φ を例 10.3 のカントール関数とする. ルベーグ測度空間 $(\mathbb{R}, \mathcal{M}, \mu)$ において, $[0, 1]$ で測度 ν は $x \in [0, 1]$ に対して,

---

[*5] 超関数については [15] に簡潔に直観的に理解しやすく書かれている.

[*6] これは本来のルベーグ積分 $\int_E \delta(x)d\mu = 0$ と異なる.

$$\nu([0, x]) = \varphi(x)$$

をみたすものとする. 例 3.5 で定義された G に対して,

$$^\forall x \in G, \ \nu([0, x])' = 0$$

であり,

$$^\forall E \in \mathcal{M} \ ; \ E \subset G, \quad \nu(E) = 0$$

であるとき, ν は $[0, 1]$ においてルベーグ測度 μ に対して特異である. ν はカントール (Cantor) 測度ということがある. ここで, $\nu(E)$ に対して (13.38) に対応するものを考えたい. カントール関数は連続であり, $H(x)$ のように不連続点はないが, ほとんどいたるところ微分が 0 で, $\int_E \varphi'(x) d\mu = 0$ である. ◇

以下では定理 10.11 を完全加法的集合関数に拡張していきたい. すなわち, (10.50) より, $[a, b]$ で絶対連続でない連続な有界変動関数 f は

$$f(x) = \int_a^x f'(t) dt + \varphi(x)$$

と書ける. ここで, $\int_a^x f'(t) dt, \ \varphi(x)$ はそれぞれ μ について, 絶対連続, 特異である.

では, 完全加法的集合関数 ν が $\nu((a, x]) = f(x)$ をみたし, $\nu((a, x])$ が x について絶対連続ではなく, 連続で有界変動であるとき, 完全加法的集合関数 ν_1, ν_2 が存在して,

$$\nu_1((a, x]) = \int_a^x f'(t) dt, \quad \nu_2((a, x]) = \varphi(x) \tag{13.39}$$

かつ

$$^\forall E \in \mathcal{M} \ ; \ E \subset [a, b], \quad \nu(E) = \nu_1(E) + \nu_2(E), \ \nu_1 \ll \mu, \ \nu_2 \perp \mu$$

$$\tag{13.40}$$

は成り立つだろうか.

定理 13.8（ルベーグ (Lebesgue) 分解）　測度空間 $(\mathbb{X}, \mathcal{B}, \mu)$ は σ-有限とする．完全加法的集合関数 ν は $\nu(\mathbb{X}) < \infty$ をみたすとする．このとき，完全加法的集合関数 ν_1, ν_2 が存在して，

$$\nu = \nu_1 + \nu_2, \quad \nu_1 \ll \mu, \quad \nu_2 \perp \mu \tag{13.41}$$

が成り立つ．

証明　ν^+, ν^- について証明すればよいので，$\nu \geq 0$ としてよい．$\lambda := \mu + \nu$ とすると，λ は σ-有限で，$\mu \ll \lambda$, $\nu \ll \lambda$ である．よってラドン・ニコディムの定理により，

$$\exists_1 f \in \mathcal{F} \ ; \ \mu(E) = \int_E f(x) d\lambda$$

$f \geq 0$ であるので，

$$A := \{x \in \mathbb{X} \mid f(x) > 0\}, \quad A^c = \{x \in \mathbb{X} \mid f(x) = 0\}$$

に対して，

$$\nu_1(E) := \nu(E \cap A), \quad \nu_2(E) := \nu(E \cap A^c)$$

とする．このとき，

(i)　$\nu = \nu_1 + \nu_2$ は明らか．

(ii)　$\nu_1 \ll \mu$ を示す．

$$\mu(E) = \int_{E \cap A} f(x) d\lambda + \int_{E \cap A^c} f(x) d\lambda$$

において，$\mu(E) = 0$ ならば，$\lambda(E \cap A) = 0$ であり，$\nu \ll \lambda$ より，$\nu_1(E) = \nu(E \cap A) = 0$．

(iii)　$\nu_2 \perp \mu$ を示す．$\nu_2(A) = 0$ であり，$\mu(A^c) = \int_{A^c} f(x) d\lambda = 0$.　∎

例 13.10　ルベーグ測度空間 $(\mathbb{R}, \mathcal{M}, \mu)$ 上での完全加法的集合関数 ν は $\nu(\mathbb{R}) < \infty$ をみたすとする．このとき，(13.41) をみたす完全加法的集合関数 ν_1, ν_2 が存在し，

$$\nu_1(E) = \int_E f(t) d\mu$$

と書ける. ここで, $\nu((a,x])$ が x について絶対連続ではなく, 連続で有界変動であるとき, 定理 10.11 によって,

$$\nu((a,x]) = \int_{(a,x]} \nu((a,t])' d\mu + \varphi(x) \tag{13.42}$$

と書ける. (10.50) は一意であるから, (13.41) と (13.42) は一致する. よって,

$$\nu_1((a,x]) = \int_{(a,x]} \nu((a,t])' d\mu$$

と書ける. よって命題 10.1 の証明と同様に,

$${}^\forall E \in \mathcal{M}, \quad \int_E f(t) d\mu = \int_E \nu((a,t])' d\mu$$

すなわち,

$$f(x) = \nu((a,x])' \text{ a.e.}$$

よって可測集合 $E \subset [a,\infty)$ に対して,

$$\nu(E) = \int_E \nu((a,t])' d\mu + \nu_2(E)$$

また $\nu_2 \perp \mu$ より, ある零集合 E_0 に対して, $\nu_2(\mathbb{R} \setminus E_0) = 0$. よって

$${}^\forall x \notin E_0, \quad \nu_2((a,x])' = 0$$

よって,

$$\nu((a,x]) = \int_{(a,x]} \nu((a,t])' d\mu + \nu_2((a,x])$$

は定理 10.11 でのルベーグ分解になっている. よって (13.41) は (13.39), (13.40) を与える. ◇

第14章

直積測度

　ここでは抽象的な測度空間の直積による直積測度空間と，そこでのフビニの定理を考察する.

14.1 直積測度空間

直積外測度

定義 14.1 $(\mathbb{X}, \mathcal{M}, \mu), (\mathbb{Y}, \mathcal{N}, \nu)$ は測度空間とする.

(1) $I \subset \mathbb{X} \times \mathbb{Y}$ が長方形[*1]であるとは，

$$\exists A \in \mathbb{X}, \ \exists B \in \mathbb{Y} \ ; \ I = A \times B \tag{14.1}$$

であることをいう.

(2) $I \subset \mathbb{X} \times \mathbb{Y}$ が可測長方形であるとは，(14.1) の A, B が $A \in \mathcal{M}, B \in \mathcal{N}$ となるときをいう.

(3) 可測長方形全体からなる集合族を $\mathcal{I}$ と表し，$I \in \mathcal{I}$ の大きさを

$$|I| := \mu(A)\nu(B) \tag{14.2}$$

で定める.

命題 14.1 (1) (i) $|\emptyset| = 0$

[*1] 長方形といっても，各辺が区間であるというわけではないので，誤解のないように. それは測度空間がルベーグ測度空間（ユークリッド空間）であってもそうである.

(ii) $^{\forall}I \in \mathcal{I},\ 0 \le |I| \le \infty$

(2) $I \in \mathcal{I}$ に対して,

$$\exists I_1, \cdots, I_n \in \mathcal{I}\ ;\ I = I_1 \cup \cdots \cup I_n,\ I_i \cap I_j = \emptyset\ (i \ne j)$$

ならば,

$$|I| = |I_1| + \cdots + |I_n|$$

(3) $I \in \mathcal{I}$ に対して,

$$\exists I_1, I_2, \cdots, I_n, \cdots \in \mathcal{I}\ ;\ I \subset I_1 \cup I_2 \cup \cdots \cup I_n \cup \cdots$$

ならば,

$$|I| \le \sum_{n=1}^{\infty} |I_n|$$

証明 (1) (i) $\emptyset = \emptyset \times \emptyset$ より明らか.

(ii) 同様に明らか.

(2) $I \subset \mathbb{X} \times \mathbb{Y}$ での特性関数 χ_I の点 (x, y) での値を $\chi_I(x, y)$ と書くこととする. $I = A \times B,\ I_i = A_i \times B_i$ のとき,

$$\chi_I(x, y) = \chi_A(x)\chi_B(y), \qquad \chi_{I_i}(x, y) = \chi_{A_i}(x)\chi_{B_i}(y)$$

であり, $I_1, \cdots, I_n$ は互いに素なので, $\chi_I(x, y) = \sum_{i=1}^{n} \chi_{I_i}(x, y)$ すなわち,

$$\chi_A(x)\chi_B(y) = \sum_{i=1}^{n} \chi_{A_i}(x)\chi_{B_i}(y) \tag{14.3}$$

ここで $\nu(B) = \int_{\mathbb{Y}} \chi_B(y)d\nu$ であるから, (14.3) を y で積分すると,

$$\chi_A(x)\nu(B) = \sum_{i=1}^{n} \chi_{A_i}(x) \int_{\mathbb{Y}} \chi_{B_i}(y)d\nu = \sum_{i=1}^{n} \chi_{A_i}(x)\nu(B_i)$$

これを x で積分すると,

$$|I| = \mu(A)\nu(B) = \sum_{i=1}^{n} \mu(A_i)\nu(B_i) = \sum_{i=1}^{n} |I_i|$$

(3) $I \subset I_1 \cup I_2 \cup \cdots$ より,

$$\chi_A(x)\chi_B(y) \leq \sum_{i=1}^{\infty} \chi_{A_i}(x)\chi_{B_i}(y)$$

であるから, (2) と同様に証される. ∎

定義 14.2 $(\mathbb{X}, \mathcal{M}, \mu), (\mathbb{Y}, \mathcal{N}, \nu)$ は測度空間とする. 任意の $E \subset \mathbb{X} \times \mathbb{Y}$ に対して,

$$\lambda^*(E) := \inf \left\{ \sum_{i=1}^{\infty} |I_n| \mid E \subset \bigcup_{i=1}^{\infty} I_n,\ I_i \in \mathcal{I} \right\} \tag{14.4}$$

を $\mathbb{X} \times \mathbb{Y}$ での直積外測度という.

命題 14.2 直積外測度 $\lambda^* : 2^{\mathbb{X} \times \mathbb{Y}} \longrightarrow [0, \infty]$ について以下が成り立つ.
(1) $\lambda^*(\emptyset) = 0$. $\forall E \in 2^{\mathbb{X} \times \mathbb{Y}},\ 0 \leq \lambda^*(E) \leq \infty$
(2) $E_1 \subset E_2 \implies \lambda^*(E_1) \leq \lambda^*(E_2)$
(3) $E \subset \bigcup_{i=1}^{\infty} E_i \implies \lambda^*(E) \leq \sum_{i=1}^{\infty} \lambda^*(E_i)$
(4) $I \in \mathcal{I} \implies |I| = \lambda^*(I)$

証明は 1 次元ルベーグ外測度のときと同様に与えられる.

━━━━━━━━━━━━━━━━ **直積測度**

定義 14.3 $E \in 2^{\mathbb{X} \times \mathbb{Y}}$ が可測であるとは,

$$\forall C \in 2^{\mathbb{X} \times \mathbb{Y}},\ \lambda^*(C) = \lambda^*(C \cap E) + \lambda^*(C \cap E^c)$$

が成り立つことをいう. $\mathbb{X} \times \mathbb{Y}$ 内の可測集合全体からなる集合族を $\mathcal{L}$ で表す. また λ^* の $\mathcal{L}$ への制限 $\lambda := \lambda^*|_{\mathcal{L}}$ を $(\mathbb{X}, \mathcal{M}, \mu), (\mathbb{Y}, \mathcal{N}, \nu)$ が定める直積測度という.

命題 14.3 $\mathcal{L}$ は以下をみたす.

(1) $\mathcal{I} \subset \mathcal{L}$, すなわち可測長方形は可測である.

(2) $\mathcal{L}$ は σ-加法族である.

(3) λ は $\mathbb{X} \times \mathbb{Y}$ 上の測度である.

すなわち, $(\mathbb{X} \times \mathbb{Y}, \mathcal{L}, \lambda)$ は測度空間であり, 直積測度空間とよばれる.

証明は 1 次元ルベーグ可測集合のときと同様に与えられる.

定義 14.4 $\lambda^*(E) = 0$ のとき, E を零集合という.

$(\mathbb{X} \times \mathbb{Y}, \mathcal{L}, \lambda)$ は外測度を経由してつくられているので, 完備である. すなわち,

命題 14.4 零集合は可測である.

証明は 1 次元ルベーグ外測度のときと同様に与えられる.

命題 12.12 によって等測包が得られる.

命題 14.5 $(\mathbb{X} \times \mathbb{Y}, \mathcal{L}, \lambda)$ は直積測度空間とする. このとき, $C \subset \mathbb{X} \times \mathbb{Y}$ に対して,

$$\exists A_C \in \mathcal{L} \; ; \; C \subset A_C \; \wedge \; \lambda(A_C) = \lambda^*(C) \tag{14.5}$$

$\lambda^*(C) < \infty$ のとき,

$$\begin{aligned}
&A_C = \bigcap_{n=1}^{\infty} E_n, \quad E_n \in \mathcal{L}, \quad E_{n+1} \subset E_n \\
&\lambda^*(C) \leq \lambda(E_n) \leq \lambda^*(C) + \frac{1}{n} \\
&E_n = \bigcup_{i=1}^{\infty} I_{n,i}, \quad I_{n,i} \in \mathcal{I}, \quad I_{n,i} \cap I_{n,j} = \emptyset \; (i \neq j)
\end{aligned} \tag{14.6}$$

14.2　フビニの定理

(11.9),(11.10) と同様に, $E \in \mathcal{L}$ に対して,

$$E_x = \{y \in \mathbb{Y} \mid (x, y) \in E\} \tag{14.7}$$

は $x \in \mathbb{X}$ で E を切ったときの $\mathbb{Y}$ での切り口を与え，$\mathbb{X}$ 上の関数

$$f_E(x) := \nu(E_x) \tag{14.8}$$

は E の x での切り口の測度を与える．

以後，測度空間 $(\mathbb{X}, \mathcal{M}, \mu), (\mathbb{Y}, \mathcal{N}, \nu)$ は完備であるとする．

定理 14.1 完備測度空間 $(\mathbb{X}, \mathcal{M}, \mu), (\mathbb{Y}, \mathcal{N}, \nu)$ に対して，$(\mathbb{X} \times \mathbb{Y}, \mathcal{L}, \lambda)$ は直積測度空間とする．$E \in 2^{\mathbb{X} \times \mathbb{Y}}$ は可測集合で $\lambda(E) < \infty$ とする．このときほとんどすべての $x \in \mathbb{X}$ に対して，E_x は $\mathbb{Y}$ で可測集合であり，$f_E(x) = \nu(E_x)$ は $\mathbb{X}$ で可測で，

$$\int_{\mathbb{X}} f_E(x) d\mu = \lambda(E) \tag{14.9}$$

が成り立つ．すなわち E_x の測度を x について積分すると E の $\mathbb{X} \times \mathbb{Y}$ での測度となる．

証明 **ステップ 1** $E \in \mathcal{I}$ のとき．(14.1) で $I = E$ に対して $A \in \mathcal{M}$, $B \in \mathcal{N}$ であるから，

$$E_x = \begin{cases} B \in \mathcal{N}, & x \in A \\ \emptyset \in \mathcal{N}, & x \notin A \end{cases}$$

より，

$$f_E(x) = \nu(E_x) = \nu(B)\chi_A(x)$$

よって f_E は可測であり，

$$\int_{\mathbb{X}} f_E(x) d\mu = \nu(B) \int_{\mathbb{X}} \chi_A(x) d\mu = \nu(B)\mu(A) = \lambda(E)$$

ステップ 2 $\exists E_n \in \mathcal{I}$ $(n = 1, 2, \cdots)$; $E = \bigcup_{n=1}^{\infty} E_n$, $E_i \cap E_j = \emptyset$ $(i \neq j)$ のとき．$E_x = \bigcup_{n=1}^{\infty} (E_n)_x \in \mathcal{N}$ であり，$(E_n)_x$ は互いに素なので，

$$f_E(x) = \nu(E_x) = \sum_{n=1}^{\infty} \nu((E_n)_x) = \sum_{n=1}^{\infty} f_{E_n}(x)$$

ここで f_E は可測であり，$f_{E_n}(x) \geq 0$ であるから，項別積分定理とステップ1より，

$$\int_{\mathbb{X}} f_E(x)d\mu = \int_{\mathbb{X}} \sum_{n=1}^{\infty} f_{E_n}(x)d\mu = \sum_{n=1}^{\infty} \int_{\mathbb{X}} f_{E_n}(x)d\mu = \sum_{n=1}^{\infty} \lambda(E_n) = \lambda(E)$$

ステップ3 $\quad \exists E_{n,i} \in \mathcal{I} \ (n, i \in \mathbb{N})$;

$$E = \bigcap_{n=1}^{\infty} E_n, \quad E_n = \bigcup_{i=1}^{\infty} E_{n,i}, \quad \lambda(E_1) < \infty$$

のとき. 命題 14.5 により，

$$E_{n+1} \subset E_n \ \wedge \ E_{n,i} \cap E_{n,j} = \emptyset \ (i \neq j)$$

としてよい. ステップ2より，

$$\int_{\mathbb{X}} f_{E_n}(x)d\mu = \lambda(E_n)$$

特に $n = 1$ のとき，

$$\int_{\mathbb{X}} f_{E_1}(x)d\mu = \lambda(E_1) < \infty \tag{14.10}$$

より，$N := \mathbb{X}(f_{E_1}(x) = \infty)$ は零集合. $E_{n+1} \subset E_n$ より，$x \in \mathbb{X} \setminus N$ に対して，

$$\infty > \nu((E_1)_x) \geq \nu((E_2)_x) \geq \cdots \geq 0$$

すなわち

$$\infty > f_{E_1}(x) \geq f_{E_2}(x) \geq \cdots \geq 0 \tag{14.11}$$

よって

$$\lim_{n \to \infty} \nu((E_n)_x) = \nu\left(\bigcap_{n=1}^{\infty} (E_n)_x\right) = \nu(E_x) \quad \text{i.e.}^{*2} \quad \lim_{n \to \infty} f_{E_n}(x) = f_E(x)$$

ここで f_E は $\mathbb{X} \setminus N$ で可測であり, N は零集合なので, f_E は $\mathbb{X}$ で可測. (14.10),(14.11) により, ルベーグ収束定理が適用でき,

$$\int_{\mathbb{X}} f_E(x) d\mu = \lim_{n \to \infty} \int_{\mathbb{X}} f_{E_n}(x) d\mu = \lim_{n \to \infty} \lambda(E_n)$$

$E_{n+1} \subset E_n,\ E = \displaystyle\bigcap_{n=1}^{\infty} E_n,\ \lambda(E_1) < \infty$ より,

$$\lim_{n \to \infty} \lambda(E_n) = \lambda(E)$$

ステップ 4 一般の E について.

(i) $\lambda(E) < \infty$ より, $C = E$ に対して, (14.5),(14.6) をみたす A_E が存在する. $\lambda(E_1) \leq \lambda^*(E) + 1 < \infty$ である. $E' := A_E \setminus E$ とすると, $\lambda(E') = 0$ である. ステップ 3 より, $(A_E)_x$ はほとんどいたるところ可測であり,

$$\int_{\mathbb{X}} f_{A_E}(x) d\mu = \lambda(A_E) = \lambda(E)$$

(ii) E' に対して等測包 $A_{E'}$ が存在する. $f_{E_n}(x) = \nu((E_n)_x)$ に対して $N' := \{f_{E_1}(x) = \infty\}$ は零集合であり, $f_{A_{E'}}(x) = \nu((A_{E'})_x)$ に対して,

$$\int_{\mathbb{X}} f_{A_{E'}}(x) d\mu = \lambda(A_{E'}) = \lambda(E') = 0$$

よって $f_{A_{E'}}(x)$ はほとんどいたるところ 0. よって

$$N_1 := \{x \in \mathbb{X} \setminus N' \mid f_{A_{E'}}(x) > 0\}$$

も零集合であり,

$$^\forall x \in \mathbb{X} \setminus (N' \cup N_1),\ \nu((A_{E'})_x) = 0$$

ここで $E' \subset A_{E'}$ より $E'_x \subset (A_{E'})_x$ だが, $(\mathbb{Y}, \mathcal{N}, \nu)$ は完備であるから,

$$^\forall x \in \mathbb{X} \setminus (N' \cup N_1),\ \nu(E'_x) = 0$$

---

*2 i.e. は「すなわち」を意味する.

よってほとんどいたるところ $f_{E'}(x) = 0$ であり，

$$\int_{\mathbb{X}} f_{E'}(x)d\mu = 0 = \lambda(E')$$

(iii)　ほとんどいたるところ $E_x = (A_E)_x \setminus E'_x \in \mathcal{N}$ であり，

$$\nu(E_x) = \nu((A_E)_x) - \nu(E'_x) = \nu((A_E)_x)$$

よって

$$\int_{\mathbb{X}} f_E(x)d\mu = \int_{\mathbb{X}} f_{A_E}(x)d\mu = \lambda(A_E) = \lambda(E) \qquad \blacksquare$$

> **定理 14.2**（フビニ (Fubini) の定理）　完備測度空間 $(\mathbb{X}, \mathcal{M}, \mu), (\mathbb{Y}, \mathcal{N}, \nu)$ に対して，$(\mathbb{X} \times \mathbb{Y}, \mathcal{L}, \lambda)$ は直積測度空間とする．$f(x, y)$ は $\mathbb{X} \times \mathbb{Y}$ で積分可能とする．このとき，
>
> (1)　$a.a.\ x \in \mathbb{X}$ に対して，$f(x, \cdot)$ は $\mathbb{Y}$ で積分可能で，
>
> $$a.a.\ x \in \mathbb{X},\ F(x) := \int_{\mathbb{Y}} f(x, y)d\nu \qquad (14.12)$$
>
> とすると，$F(x)$ は $\mathbb{X}$ で積分可能で，
>
> $$\int_{\mathbb{X} \times \mathbb{Y}} f(x, y)d\lambda = \int_{\mathbb{X}} F(x)d\mu \qquad (14.13)$$
>
> が成り立つ．
>
> (2)　$a.a.\ y \in \mathbb{Y}$ に対して，$f(\cdot, y)$ は $\mathbb{X}$ で積分可能で，
>
> $$a.a.\ y \in \mathbb{Y},\ G(y) := \int_{\mathbb{X}} f(x, y)d\mu \qquad (14.14)$$
>
> とすると，$G(y)$ は $\mathbb{Y}$ で積分可能で，
>
> $$\int_{\mathbb{X} \times \mathbb{Y}} f(x, y)d\lambda = \int_{\mathbb{Y}} G(y)d\nu \qquad (14.15)$$
>
> が成り立つ．

証明　$f = f^+ - f^-$ より，$f \geq 0$ として証明すればよい．(1) を証明すれば (2) も同様．

ステップ 1　積分可能な $f(x, y)$ が特性関数であるとき．

$$\exists E \in \mathcal{L} \,;\, f = \chi_E,\ \lambda(E) < \infty$$

のとき,

$$\int_{\mathbb{X} \times \mathbb{Y}} f(x, y) d\lambda = \lambda(E) \tag{14.16}$$

$N_1 := \{x \in \mathbb{X} \mid E_x \notin \mathcal{N}\} \in \mathcal{M}$ は零集合. $x \in \mathbb{X} \setminus N_1$ に対して,

$$F(x) := \int_{\mathbb{Y}} f(x, y) d\nu = \int_{\mathbb{Y}} \chi_E(x, y) d\nu = \int_{\mathbb{Y}} \chi_{E_x}(y) d\nu = \nu(E_x) \tag{14.17}$$

は定理 14.1 により可測で

$$\int_{\mathbb{X}} F(x) d\mu = \int_{\mathbb{X} \setminus N_1} F(x) d\mu + \int_{N_1} F(x) d\mu = \lambda(E) < \infty \tag{14.18}$$

ここで $F(x)$ は N_1 で適当な値をとるものとする. (14.18) より

$$N_2 := \{x \in \mathbb{X} \setminus N_1 \mid F(x) = \infty\}$$

は零集合. $N_0 := N_1 \cup N_2$ とする. $x \in \mathbb{X} \setminus N_0$ に対して, $F(x) < \infty$ より, $f(x, \cdot)$ は $\mathbb{Y}$ で積分可能. よって (14.16)〜(14.18) により (14.13) が成り立つ.
ステップ 2　f が可積分な単関数のとき.

$$\exists E_1, \cdots, E_n \in \mathcal{L},\ \exists a_1, \cdots, a_n \geq 0 \,;$$
$$f = \sum_{i=1}^{n} a_i \chi_{E_i},\ E_i \cap E_j = \emptyset\ (i \neq j),\ \lambda(E_i) < \infty\ (i = 1, \cdots, n) \tag{14.19}$$

各 χ_{E_i} に対して, ステップ 1 が適用できる. i に対する N_0 を N^i と書くと,

$$N := N^1 \cup \cdots \cup N^n \tag{14.20}$$

は零集合. $x \in \mathbb{X} \setminus N$ に対して, $f(x, \cdot) = \sum_{i=1}^{n} a_i \chi_{E_i}(x, \cdot)$ は $\mathbb{Y}$ で積分可能. よって

$$F(x) := \int_{\mathbb{Y}} f(x, y) d\nu = \sum_{i=1}^{n} a_i \int_{\mathbb{Y}} \chi_{E_i}(x, y) d\nu$$

よってステップ 1 より,

$$\int_{\mathbb{X}} \left(\int_{\mathbb{Y}} f(x,y)d\nu \right) d\mu = \sum_{i=1}^{n} a_i \int_{\mathbb{X}} \left(\int_{\mathbb{Y}} \chi_{E_i}(x,y)d\nu \right) d\mu$$

$$= \sum_{i=1}^{n} a_i \int_{\mathbb{X}\times\mathbb{Y}} \chi_{E_i}(x,y)d\lambda \qquad (14.21)$$

$$= \int_{\mathbb{X}\times\mathbb{Y}} f(x,y)d\lambda$$

ステップ 3　一般の $f \geq 0$ について. f は可測関数なので, 単関数列 $f_m(x,y)$ で

$$0 \leq f_1 \leq f_2 \leq \cdots \leq f, \quad f = \lim_{m\to\infty} f_m \qquad (14.22)$$

をみたすものが存在する. 積分の定義により,

$$\int_{\mathbb{X}\times\mathbb{Y}} f(x,y)d\lambda = \lim_{m\to\infty} \int_{\mathbb{X}\times\mathbb{Y}} f_m(x,y)d\lambda \qquad (14.23)$$

ここで $f(x,y)$ は可積分なので, 各 $f_m(x,y)$ も可積分. 各 f_m は $f = f_m$ について (14.19) と書ける. (14.20) の N を N_m と書くと, $x \in \mathbb{X} \setminus N_m$ に対して,

$$F_m(x) := \int_{\mathbb{Y}} f_m(x,y)d\nu < \infty$$

ステップ 1, ステップ 2 と同様に

$$\int_{\mathbb{X}} F_m(x)d\mu = \int_{\mathbb{X}} \left(\int_{\mathbb{Y}} f_m(x,y)d\nu \right) d\mu = \int_{\mathbb{X}\times\mathbb{Y}} f_m(x,y)d\lambda \qquad (14.24)$$

(ここで (14.21) を $f = f_m$ について適用した.)　$\hat{N} := \bigcup_{m=1}^{\infty} N_m$ は零集合. (14.22) より,

$$0 \leq f_1(x,\cdot) \leq f_2(x,\cdot) \leq \cdots \leq f(x,\cdot), \quad f(x,\cdot) = \lim_{m\to\infty} f_m(x,\cdot)$$

であるから, $x \in \mathbb{X} \setminus \hat{N}$ に対して,

$$F(x) := \int_{\mathbb{Y}} f(x,y)d\nu = \lim_{m\to\infty} \int_{\mathbb{Y}} f_m(x,y)d\nu = \lim_{m\to\infty} F_m(x) \qquad (14.25)$$

ここで,

$$F_m \leq F_{m+1}, \qquad F(x) = \lim_{m \to \infty} F_m(x)$$

であるから，ベッポ・レヴィの定理と (14.24) により，

$$\int_{\mathbb{X}} F(x) d\mu = \lim_{m \to \infty} \int_{\mathbb{X}} F_m(x) d\mu = \lim_{m \to \infty} \int_{\mathbb{X} \times \mathbb{Y}} f_m(x, y) d\lambda \qquad (14.26)$$

よって (14.23) より，

$$\int_{\mathbb{X}} F(x) d\mu = \int_{\mathbb{X}} \left(\int_{\mathbb{Y}} f(x, y) d\nu \right) d\mu = \int_{\mathbb{X} \times \mathbb{Y}} f(x, y) d\lambda < \infty$$

が得られた．ここで，$F(x)$ は積分可能で，ほとんどいたるところ有限．よって $f(x, \cdot)$ はほとんどすべての x について $\mathbb{Y}$ で積分可能． ■

　なお，直積測度空間を構成するには，直積外測度を経由しない方法がある．それは可測長方形の集合族を含む最小の完全加法族を構成する方法だが，ここでは割愛する[*3].

---

*3 [7, 後篇, 第6章], [3, X,§5].

V

ルベーグ積分の応用

第15章

L^p空間とL^∞空間

　L^p空間は偏微分方程式論，関数解析学の基礎となる関数空間である．シュワルツ (Schwartz) の超関数以来，偏微分方程式の解は微分可能な古典解以外も扱われるようになり，そのために関数空間の研究が盛んに行われている．L^p空間はこれらのさまざまな関数空間の基礎となる関数空間である．

15.1　L^p空間での基本不等式

定義 15.1　(1)　$(\mathbb{R}^n, \mathcal{M}, \mu)$ で定義された複素数値関数

$$f(x) = f_1(x) + if_2(x),$$
$$f_1(x) = \operatorname{Re} f(x), \qquad f_2(x) = \operatorname{Im} f(x) \tag{15.1}$$

が可測であるとは，f_1, f_2 が可測であることをいい，f の $E \in \mathcal{M}$ 上の積分を

$$\int_E f(x)d\mu = \int_E f_1(x)d\mu + i \int_E f_2(x)d\mu$$

で定義する．f_1, f_2 が E で積分可能であるとき，f は E で積分可能であるという．

(2)　$E \in \mathcal{M}$ に対して

$$L^p(E) := \{E \text{ での可測関数 } f(x) \mid \int_E |f(x)|^p d\mu < \infty\}$$

$$\|f\|_{L^p(E)} = \left\{\int_E |f(x)|^p dx\right\}^{\frac{1}{p}}$$

$$L^p := L^p(\mathbb{R}), \quad \|f\|_p := \|f\|_{L^p(\mathbb{R}^n)}$$

と表す.

[例 15.1] $f = \dfrac{1}{x^\alpha}$ について, $f \in L^p(E)$ となる p を求める.

(1) $E = (0,1)$ のとき.

$\alpha > 0$, $\alpha \neq 1$ とすると

$$\int_0^1 \frac{1}{x^\alpha} dx = \left[\frac{1}{1-\alpha}\frac{1}{x^{\alpha-1}}\right]_0^1$$

よって $\alpha - 1 < 0$ で可積分, すなわち, $\dfrac{1}{x^\alpha} \in L^1((0,1))$ $(0 < \alpha < 1)$. 同様に

$$\int_0^1 \left|\frac{1}{x^\alpha}\right|^p dx = \int_0^1 \frac{1}{x^{\alpha p}} dx$$

であるから, $0 < p\alpha < 1$ で可積分. よって $\alpha < \dfrac{1}{p}$ で $\dfrac{1}{x^\alpha} \in L^p((0,1))$. p が大きいほど, $x = 0$ の近傍で増大度が小さくなくてはならない.

このように有界領域 E で $f \in L^p(E)$ であり, E 内で $|f(x)| \to \infty$ となるとき, その増大度が, p によって制限される.

(2) $E = (1,\infty)$ のとき.

$$\int_1^\infty \left|\frac{1}{x^\alpha}\right|^p dx = \left[\frac{1}{1-\alpha p}\frac{1}{x^{\alpha p-1}}\right]_1^\infty$$

$\alpha p - 1 > 0$ で可積分.

$$\frac{1}{x^\alpha} \in L^p((1,\infty)) \iff \alpha > \frac{1}{p}$$

$x \to \infty$ のとき 0 に近づく減衰度が大きくなければならない. $f \in L^p(E)$ で,

E で有界な f に対して，E が非有界のときは，$x \to \pm\infty$ で $f(x) \to 0$ となる
減衰度が p で制限される． ◇

━━━━━━━━━━━━━━━━━━━━━━━━━ **L^p の基本不等式**

$f, g \in L^2(\mathbb{R}^n)$ に対して，

$$(f, g) := \int f(x)\overline{g(x)}d\mu \tag{15.2}$$

と表す．

定理 15.1（シュワルツ (Schwarz) の不等式） $f, g \in L^2(\mathbb{R}^n)$ に対して，

$$(f, g)^2 \le \|f\|_2^2 \|g\|_2^2 \tag{15.3}$$

すなわち

$$\left| \int f(x)\overline{g(x)}d\mu \right|^2 \le \int |f(x)|^2 d\mu \cdot \int |g(x)|^2 d\mu \tag{15.4}$$

が成り立つ．

証明 $2|f(x)\overline{g(x)}| \le |f(x)|^2 + |g(x)|^2$

より

$$|(f, g)| = \left| \int f(x)\overline{g(x)}d\mu \right| < \infty$$

$f(x) = 0$ a.e. のとき (15.3) は明らか．$f(x) = 0$ a.e. でないとき $\|f\|_2 > 0$．任
意の複素数 α に対して，

$$0 \le \|\alpha f - g\|_2^2$$
$$= (\alpha f - g, \alpha f - g)$$
$$= |\alpha|^2 \|f\|_2^2 - \alpha(f, g) - \bar\alpha(g, f) + \|g\|_2^2$$

ここで $\alpha = \dfrac{(g, f)}{\|f\|_2^2}$ を代入すると

$$\frac{|(f,g)|^2}{\|f\|_2^2} - \frac{(g,f)(f,g)}{\|f\|_2^2} - \frac{\overline{(g,f)}(g,f)}{\|f\|_2^2} + \|g\|_2^2 \geq 0$$

ここで第 2 項について $(g,f) = \overline{(f,g)}$ であるから*1，(15.3) が得られる．　■

命題 15.1（ヤング (Young) の不等式）　$1 < p, q < \infty$ は $\dfrac{1}{p} + \dfrac{1}{q} = 1$ をみた
すとする．このとき任意の $\alpha, \beta \geq 0$ に対して，

$$\alpha\beta \leq \frac{\alpha^p}{p} + \frac{\beta^q}{q} \tag{15.5}$$

が成り立つ．

証明　(15.5) は $p = q = 2$ のとき相加相乗平均である．(15.5) を $\alpha, \beta > 0$ に
ついて示せばよい．(15.5) を β^q で割ると，$\lambda = \alpha\beta^{1-q}$ に対して，

$$\lambda \leq \frac{1}{p}\alpha^p\beta^{-q} + \frac{1}{q}$$

となるが，$-q = p(1-q)$ であることより，

$$\alpha^p\beta^{-q} = \alpha^p\beta^{p(1-q)} = (\alpha\beta^{1-q})^p = \lambda^p$$

より，(15.5) は

$$\lambda \leq \frac{1}{p}\lambda^p + \frac{1}{q}, \quad \lambda \geq 0$$

を示せば，得られる．これは $\lambda \geq 0$ の関数

$$h(\lambda) = \frac{1}{p}\lambda^p - \lambda + \frac{1}{q}$$

が $\lambda = 1$ で最小値 $h(1) = 0$ をとることで示される．　■

定理 15.2（ヘルダー (Hölder) の不等式）　$1 < p, q < \infty$ は $\dfrac{1}{p} + \dfrac{1}{q} = 1$ をみ
たすとする．$^\forall f \in L^p$，$^\forall g \in L^q$ に対して，

$$\left|\int f(x)g(x)d\mu\right| \leq \left(\int |f(x)|^p d\mu\right)^{\frac{1}{p}} \left(\int |g(x)|^q d\mu\right)^{\frac{1}{q}} \tag{15.6}$$

---

*1　単関数 f, g で確認し，極限をとればよい．

が成り立つ.

証明　(15.6) は $p = 2$ のときシュワルツの不等式である.

$$||f||_p = 0 \vee ||g||_q = 0 \implies f(x)g(x) = 0 \text{ a.e.}$$

より (15.6) は明らか. よって $||f||_p > 0$ かつ $||g||_q > 0$ とする.

$$\alpha = \frac{|f(x)|}{||f||_p}, \quad \beta = \frac{|g(x)|}{||g||_q}$$

を (15.5) に代入して, $\mathbb{R}^n$ で積分すると,

$$\frac{1}{||f||_p ||g||_q} \int |f(x)g(x)| d\mu$$
$$\leq \frac{1}{p||f||_p^p} \int |f(x)|^p d\mu + \frac{1}{q||g||_q^q} \int |g(x)|^q d\mu$$
$$= \frac{1}{p} + \frac{1}{q} = 1 \qquad\blacksquare$$

定理 15.3（ミンコフスキー (Minkowski) の不等式）　$p \geq 1$ とする. ${}^\forall f, {}^\forall g \in L^p$ に対して,

$$\left(\int |f(x) + g(x)|^p d\mu \right)^{\frac{1}{p}} \leq \left(\int |f(x)|^p d\mu \right)^{\frac{1}{p}} + \left(\int |g(x)|^p d\mu \right)^{\frac{1}{p}}$$

$$\tag{15.7}$$

すなわち

$$||f + g||_p \leq ||f||_p + ||g||_p \tag{15.8}$$

が成り立つ.

証明　$p = 1$ のときは明らかなので, $p > 1$ とする. また

$$|f(x) + g(x)| \leq |f(x)| + |g(x)|$$

なので $f(x), g(x) \geq 0$ としてよい.

$$\int (f(x) + g(x))^p d\mu$$

$$= \int (f(x) + g(x))^{p-1} f(x) d\mu + \int (f(x) + g(x))^{p-1} g(x) d\mu$$

において，$q = \dfrac{p}{p-1}$ について，右辺の各項にヘルダーの不等式 (15.6) を適用すると，

$$\int (f(x) + g(x))^p d\mu \leq \left(\int (f(x) + g(x))^p d\mu \right)^{\frac{1}{q}} \left(\int f(x)^p d\mu \right)^{\frac{1}{p}}$$

$$+ \left(\int (f(x) + g(x))^p d\mu \right)^{\frac{1}{q}} \left(\int g(x)^p d\mu \right)^{\frac{1}{p}}$$

$$= \left(\int (f(x) + g(x))^p d\mu \right)^{1 - \frac{1}{p}} (||f||_p + ||g||_p)$$

すなわち (15.8) が得られた．■

定義 15.2　$f, g \in L^1$ に対して，

$$(f * g)(x) = \int f(x - y) g(y) dy$$

$$= \int f(y) g(x - y) dy \tag{15.9}$$

を f と g の合成積または，たたみ込み (convolution) という．

命題 15.2　$f, g \in L^1$ に対して，$f * g \in L^1$ であり，

$$||f * g||_1 \leq ||f||_1 ||g||_1 \tag{15.10}$$

が成り立つ．

証明　フビニの定理により，

$$\int |f * g(x)| dx \le \int \left(\int |f(x-y)g(y)| dy \right) dx$$

$$= \int \left(\int |f(x-y)g(y)| dx \right) dy$$

$$= \int \left(|g(y)| \int |f(x-y)| dx \right) dy$$

$$= \int (|g(y)| \cdot ||f||_1) dy$$

すなわち (15.10) が成り立ち，$f * g \in L^1$ である．■

> **定理 15.4**　$1 < p < \infty$ とする．$f \in L^p, g \in L^1$ ならば $f * g \in L^p$ であり，
>
> $$||f * g||_p \le ||f||_p ||g||_1 \tag{15.11}$$
>
> が成り立つ．

証明　$1 < p < \infty$ について証明すればよい．

(i)
$$\int |f(x-y)|^p |g(y)| dy < \infty \ \text{a.e. in } \mathbb{R}^n \tag{15.12}$$

を示す．フビニの定理により，

$$\int \left(\int |f(x-y)|^p |g(y)| dy \right) dx = \int \left(\int |f(x-y)|^p |g(y)| dx \right) dy$$

$$= ||g||_1 ||f||_p^p < \infty \tag{15.13}$$

これにより (15.12) が示される．

(ii)　$\dfrac{1}{p} + \dfrac{1}{q} = 1$ とするとき，ヘルダーの不等式によって

$$|(f * g)(x)|^p = \left| \int f(x-y)g(y) dy \right|^p$$

$$\le \left(\int |f(x-y)||g(y)|^{\frac{1}{p}} |g(y)|^{\frac{1}{q}} dy \right)^p \tag{15.14}$$

$$\le \int |f(x-y)|^p |g(y)| dy \cdot \left(\int |g(y)| dy \right)^{\frac{p}{q}}$$

よって (15.12) により，

$$|(f * g)(x)| < \infty \text{ a.e.}$$

(15.14) の両辺を x で積分すると (15.13) により

$$||f * g||_p^p \leq ||g||_1 ||f||_p^p ||g||_1^{\frac{p}{q}}$$

これにより (15.11) が示された．■

15.2 L^p 空間の性質

ミンコフスキーの不等式 (15.8) により，$f, g \in L^p$ ならば $f + g \in L^p$ であり，$\alpha \in \mathbb{C}$ に対して $||\alpha f||_p = |\alpha| ||f||_p$ より $\alpha f \in L^p$ である．よって L^p はベクトル空間である．

定義 15.3 (1) ベクトル空間 X 上の写像 $||\cdot|| : X \longrightarrow \mathbb{R}$ が

$$||f|| \geq 0, \quad ||f|| = 0 \iff f = 0,$$
$$||\alpha f|| = |\alpha| ||f|| \quad (\alpha \in \mathbb{C}), \tag{15.15}$$
$$||f + g|| \leq ||f|| + ||g||$$

をみたすとき，$||f||$ を $f \in X$ のノルムといい，ノルムが定義されたベクトル空間をノルム空間という．

(2) ベクトル空間 X に対して，写像 $d : X \times X \longrightarrow \mathbb{R}$ が

$$d(f, g) \geq 0, \quad d(f, g) = 0 \iff f = g,$$
$$d(f, g) = d(g, f), \tag{15.16}$$
$$d(f, g) \leq d(f, h) + d(h, g)$$

をみたすとき，$d(f, g)$ を $f \in X$ と $g \in X$ の距離といい，距離が定義されたベクトル空間を距離空間という．

(3) ベクトル空間 X に対して，写像 $(\cdot, \cdot) : X \times X \longrightarrow \mathbb{R}$ が，

$$(f,f) \geq 0, \quad (f,f) = 0 \iff f = 0,$$
$$(f,g) = \overline{(g,f)},$$
$$(f + g, h) = (f,h) + (g,h), \quad\quad\quad (15.17)$$
$$(\alpha f, g) = \alpha(f,g) \quad\quad (\alpha \in \mathbb{C})$$

をみたすとき, (f,g) を $f \in X$ と $g \in X$ の内積といい, 内積の定義されたベクトル空間を内積空間という.

ベクトル空間 X がノルム $||\cdot||$ をもつとき,

$$d(f,g) := ||f - g|| \quad\quad\quad (15.18)$$

によって X は距離空間となる.

(15.2) によって L^2 は内積空間である. L^p は $||\cdot||_p$ をノルムとするノルム空間である.

━━━━━━━━━━━━━━━━━━━━━━━━━━━ **L^p の完備性**

定義 15.4　(1)　距離空間 (X,d) において, $x_n \in X$ $(n = 1, 2, \cdots)$ が

$$\lim_{n,m \to \infty} d(x_n, x_m) = 0$$

をみたすとき $\{x_n\}$ はコーシー列であるという.

(2)　距離空間 (X,d) の任意のコーシー列が, X の中に極限をもつとき, X を完備距離空間という.

(3)　ノルム $||\cdot||$ をもつノルム空間 X が, 距離 (15.18) によって完備距離空間となるとき, ノルム空間 X をバナッハ (Banach) 空間という.

(4)　内積 $(\cdot, \cdot)$ をもつ内積空間 X がノルム $||f|| = (f,f)^{\frac{1}{2}}$ について完備であるとき, X をヒルベルト (Hilbert) 空間という.

定理 15.5　L^p は $||\cdot||_p$ について完備である. すなわち L^p はバナッハ空間である.

証明　$f_n \in L^p$ $(n = 1, 2, \cdots)$ はコーシー列とする. このとき f_n の極限 $f \in$

L^p が存在することを示す. すなわち

$$\lim_{n,m\to\infty} ||f_m - f_n||_p = 0 \implies \exists f \in L^p ; \lim_{n\to\infty} ||f_n - f||_p = 0$$

$$(15.19)$$

を示す.

ステップ1 $\{f_n\}$ の部分列 $\{f_{n_k}\}$ で L^p 内で極限をもつものが存在することを示す.

(i) $\{f_n\}$ はコーシー列であるから

$$^\forall \varepsilon > 0, \exists n_0 \in \mathbb{N} ;$$

$$n, m \geq n_0 \implies ||f_n - f_m||_p < \varepsilon$$

よって $n_1 < n_2 < \cdots$ に対して

$$\exists n_k \in \mathbb{N} ; n \geq n_k \implies ||f_n - f_{n_k}||_p < \frac{1}{2^k}$$

このとき特に $n_k < n_{k+1}$ より

$$||f_{n_{k+1}} - f_{n_k}||_p < \frac{1}{2^k} \tag{15.20}$$

(ii)

$$\exists f := \lim_{k\to\infty} f_{n_k} \in L^p ; \lim_{k\to\infty} ||f_{n_k} - f||_p = 0 \tag{15.21}$$

を示す.

(a)

$$f_{n_k} = f_{n_1} + \sum_{i=1}^{k-1} (f_{n_{i+1}} - f_{n_i}),$$

$$g_k := |f_{n_1}| + \sum_{i=1}^{k-1} |f_{n_{i+1}} - f_{n_i}| \tag{15.22}$$

において, $0 \leq g_1 \leq g_2 \leq \cdots$ であるから, $g_k(x)$ は極限をもつ. ただし $\lim_{k\to\infty} g_k(x)$ は有限とは限らない. ミンコフスキーの不等式と (15.20) によって

$$||g_k||_p \leq ||f_{n_1}||_p + \sum_{i=1}^{k-1} ||f_{n_{i+1}} - f_{n_i}||_p$$

$$\leq ||f_{n_1}||_p + 1$$

よってベッポ・レヴィの定理によって

$$\int \lim_{k \to \infty} (g_k)^p(x)d\mu = \lim_{k \to \infty} \int (g_k)^p(x)d\mu$$

$$= \lim_{k \to \infty} ||g_k||_p^p \leq (||f_{n_1}||_p + 1)^p$$

よって

$$\exists g(x) := \lim_{k \to \infty} g_k(x) \in L^p \ ;$$

$$0 \leq g(x) < \infty \text{ a.e.} \ \wedge \ ||g||_p \leq ||f_{n_1}||_p + 1$$

よって (15.22) の f_{n_k} は $g(x) < \infty$ となる x で絶対収束し,

$$\exists f(x) := \lim_{k \to \infty} f_{n_k}(x) \in L^p \ ;$$

$$|f(x)| < \infty \text{ a.e.} \ \wedge \ |f(x)| \leq g(x)$$

(b) $\quad |f - f_{n_k}|$

$$= \left| \lim_{m \to \infty} \sum_{i=1}^{m-1} (f_{n_{i+1}} - f_{n_i}) - \sum_{i=1}^{k-1} (f_{n_{i+1}} - f_{n_i}) \right|$$

$$= \left| \lim_{m \to \infty} \sum_{i=k}^{m-1} (f_{n_{i+1}} - f_{n_i}) \right|$$

$$\leq \sum_{i=k}^{\infty} |f_{n_{i+1}} - f_{n_i}| \leq g$$

すなわち $|f - f_{n_k}|^p \leq g^p$ であるからルベーグ収束定理により,

$$\lim_{k \to \infty} ||f_{n_k} - f||_p^p = \lim_{k \to \infty} \int |f_{n_k}(x) - f(x)|^p dx$$

$$= \int \lim_{k \to \infty} |f_{n_k}(x) - f(x)|^p dx = 0$$

ステップ 2　(15.19) を示す.

$$||f_n - f||_p \leq ||f_n - f_{n_k}||_p + ||f_{n_k} - f||_p$$

ステップ 1(i) と (15.21) により

$$\lim_{n,k\to\infty} ||f_n - f_{n_k}||_p = 0, \qquad \lim_{k\to\infty} ||f_{n_k} - f||_p = 0$$

よって $\lim_{n\to\infty} ||f_n - f||_p = 0$. ■

$$\underline{\hspace{4cm}}\ C_0\ \text{の}\ L^p\ \text{での稠密性}$$

定義 15.5 (1) $\mathbb{R}^n$ 上の複素数値関数 $f(x)$ に対して,

$$\mathrm{supp}\, f := \overline{\{x \in \mathbb{R}^n \mid f(x) \neq 0\}} \tag{15.23}$$

を $f(x)$ の台 (support) という[*2].

(2) $\mathbb{R}^n$ 上の複素数値連続関数で,有界な台をもつもの全体を $C_0(\mathbb{R}^n)$ または C_0 と書く. $C_0(\mathbb{R}^n)$ は

$$||f||_\infty = \max_{x \in \mathbb{R}^n} |f(x)|$$

をノルムとするノルム空間となる.

定理 15.6 $p \geq 1$ とする. C_0 は L^p の中で $||\cdot||_p$ について稠密である.

定理 15.6 の証明のために次の命題を用意する.

命題 15.3 $p \geq 1$ とする.

(1) $E \in \mathcal{M}$ は有界とする.このとき

$$^\forall \varepsilon > 0,\ \exists h \in C_0(\mathbb{R}^n)\ ;\ ||\chi_E - h||_p < \varepsilon$$

(2) $S \subset \mathbb{R}^n$ は有界な開集合とする.単関数 g は $\mathrm{supp}\, g \subset \bar{S}$ とする.このとき

$$^\forall \varepsilon > 0,\ \exists h \in C_0(\mathbb{R}^n)\ ;$$
$$\mathrm{supp}\, h \subset \bar{S}\ \wedge\ ||g - h||_p < \varepsilon \tag{15.24}$$

[*2] 集合 A に対して,$\bar{A}$ は A の閉包を表す.

証明 (1)
$$^\forall \varepsilon > 0, \ \exists \text{閉集合 } F, \ \exists \text{開集合 } G \ ;$$
$$F \subset E \subset G \ \wedge \ \mu(G \setminus F) < \varepsilon^p$$

であるから，$\mathbb{R}^n$ での連続関数 $h(x)$ を

$$\begin{cases} 0 \leq h(x) \leq 1 \\ h(x) = 1, & x \in F \\ h(x) = 0, & x \notin G \end{cases} \tag{15.25}$$

とすると，$\text{supp } h \subset \bar{G}$ で，

$$\int |\chi_E(x) - h(x)|^p d\mu \leq \int_{G \setminus F} 1^p d\mu = \mu(G \setminus F) < \varepsilon^p$$

(2)
$$g(x) = \sum_{i=1}^{k} \alpha_i \chi_{E_i}, \ E_i \subset S, \ E_i \cap E_j = \emptyset \ (i \neq j)$$

とする. (1) より

$$\exists h_i \in C_0(\mathbb{R}^n) \ ; \ ||\chi_{E_i} - h_i||_p < \frac{\varepsilon}{k|\alpha_i|}$$

であるから，$h := \sum_{i=1}^{k} \alpha_i h_i$ とすると $\text{supp } h \subset \bar{S}$ であり，ノルムの性質より

$$||g - h||_p \leq \sum_{i=1}^{k} |\alpha_i| \cdot ||\chi_{E_i} - h_i||_p < \varepsilon \qquad \blacksquare$$

定理 15.6 の証明 ステップ 1 (15.1) において，$f \in L^p$ ならば，f_1^+, f_1^-, $f_2^+, f_2^- \in L^p$ なので，$f \geq 0$ としてよい.

$$S_n := \{x = (x_1, \cdots, x_n) \in \mathbb{R}^n \mid |x| = \sqrt{x_1^2 + \cdots + x_n^2} < n\}$$

とする. $\int |f(x)|^p d\mu < \infty$ なので，

$$^\forall \varepsilon > 0, \ \exists N \in \mathbb{N} \ ;$$
$$n \geq N \implies \int_{\mathbb{R}^n \setminus S_n} |f(x)|^p d\mu < \varepsilon^p$$

よって $f_n := f\chi_{S_n}$ とおくと，$\text{supp } f_n \subset \bar{S}_n$ であり，

$$||f_n - f||_p = \left(\int_{\mathbb{R}^n \setminus S_n} |f(x)|^p d\mu \right)^{\frac{1}{p}} < \varepsilon \qquad (15.26)$$

ステップ 2　$f_n \geq 0$ は可測だから，各 f_n に収束する非負単調増加単関数列が存在する．よって

$$^\forall \varepsilon > 0,\ \exists\, 単関数\ g(x)\ ;$$

$$0 \leq g \leq f_n,\ \int (f_n(x) - g(x))^p d\mu < \varepsilon^p$$

よって

$$||f_n - g||_p < \varepsilon \qquad (15.27)$$

ステップ 3　(15.26),(15.27),(15.24) により $||f - h||_p < 3\varepsilon$ となる．∎

15.3　L^∞ 空間

定義 15.6　可測関数 $f(x)$ が本質的に有界であるとは，

$$\exists M > 0\ ;\ |f(x)| \leq M\ \text{a.e.} \qquad (15.28)$$

となることである．このとき $f \in L^\infty$ と表す．$f \in L^\infty$ のとき，

$$\exists a \geq 0\ ;\ \mu(\{x \in \mathbb{R}^n \mid |f(x)| > a\}) = 0 \qquad (15.29)$$

であるから，この a の下限を本質的上限といい，

$$||f||_\infty := \inf\{a \geq 0 \mid \mu(\{x \in \mathbb{R}^n \mid f(x) > a\}) = 0\} \qquad (15.30)$$

と表す．f が本質的に有界ではないとき，$||f||_\infty = \infty$ と表す．

$$a = ||f||_\infty \implies \mu(\{x \in \mathbb{R}^n \mid |f(x)| > a\}) = 0 \qquad (15.31)$$

であり，言い換えると，

$$^\forall \varepsilon > 0, \ \mu(\{x \in \mathbb{R}^n \mid |f(x)| \ge ||f(x)||_\infty + \varepsilon\}) = 0$$
$$(15.32)$$

また

$$^\forall b < ||f||_\infty, \ \mu(\{x \in \mathbb{R}^n \mid |f(x)| > b\}) > 0$$

が成り立つ.

例 15.2   単関数

$$f = \sum_{i=1}^n a_i \chi_{E_i}, \quad a_1 < a_2 < \cdots < a_n, \quad E_i \cap E_j = \emptyset \ (i \ne j)$$

において，$\mu(E_i) > 0$ となる最大の i を i_0 とすると，$||f||_\infty = a_{i_0}$.   ◇

■ 定理 15.7 L^∞ は完備である.

証明 $\{f_i\}$ は L^∞ でのコーシー列とする. すなわち，

$$^\forall \varepsilon' > 0, \ \exists i_0 \in \mathbb{N} \ ;$$
$$i, j \ge i_0 \implies ||f_i - f_j||_\infty < \varepsilon'$$
$$(15.33)$$

(15.32) を $f = f_i - f_j$, $\varepsilon = \dfrac{1}{m}$ として適用すると，

$$^\forall m \in \mathbb{N}, \ \mu\left(\left\{x \in \mathbb{R}^n \ \middle| \ |f_i(x) - f_j(x)| \ge ||f_i - f_j||_\infty + \frac{1}{m}\right\}\right) = 0$$
$$(15.34)$$

よって (15.33),(15.34) より，

$$^\forall m \in \mathbb{N}, \ \exists \ 零集合 \ N_m \ ;$$
$$^\forall x \in \mathbb{R}^n \setminus N_m, \ ^\forall i, j \ge i_0,$$
$$|f_i(x) - f_j(x)| < \varepsilon' + \frac{1}{m}$$

よって零集合 $N := \displaystyle\bigcup_{m=1}^\infty N_m$ に対して

$$^\forall x \in \mathbb{R}^n \setminus N, \quad \lim_{i,j \to \infty} |f_i(x) - f_j(x)| = 0$$

このことから, $x \in \mathbb{R}^n \setminus N$ に対して数列 $\{f_i(x)\}$ が $\mathbb{C}$ の中のコーシー列となる. $\mathbb{C}$ は完備であるから, 極限値 $\lim_{i \to \infty} f_i(x)$ が存在する.

$$f(x) = \begin{cases} \lim_{i \to \infty} f_i(x), & x \in \mathbb{R}^n \setminus N \\ 0, & x \in N \end{cases}$$

とおけば, $\lim_{i \to \infty} ||f_i - f||_\infty = 0$ が成り立つ.   ■

第16章

フーリエ変換

　フーリエ (Fourier) 変換によって線形微分方程式は代数方程式に帰着され，代数方程式の解の逆変換によってもとの微分方程式の解は与えられる．そのためには，フーリエ変換の反転公式が本質的に不可欠であり，そしてフーリエ変換の反転公式は，急減少関数に対して成り立つ．

16.1 有限区間での複素フーリエ級数

$L > 0$ とする．まず区間 $[-L, L]$ でのフーリエ (Fourier) 級数を考える．

$$\lambda_n = \frac{n\pi}{L}, \quad n = 0, 1, 2, \cdots \tag{16.1}$$

とする．

$$\int_{-L}^{L} \cos \lambda_n x \cdot \cos \lambda_m x dx = \begin{cases} L, & n = m \\ 0, & n \neq m \end{cases}$$

$$\int_{-L}^{L} \sin \lambda_n x \cdot \sin \lambda_m x dx = \begin{cases} L, & n = m \\ 0, & n \neq m \end{cases}$$

$$\int_{-L}^{L} \cos \lambda_n x \cdot \sin \lambda_m x dx = 0$$

に注意する．連続関数 $\phi(x)$ に対して，

$$A_n = \frac{1}{L} \int_{-L}^{L} \phi(y) \cos \lambda_n y \, dy$$

$$B_n = \frac{1}{L} \int_{-L}^{L} \phi(y) \sin \lambda_n y \, dy \qquad (16.2)$$

とするとき，$\phi(x)$ のフーリエ級数展開は形式的に

$$\phi(x) = \frac{A_0}{2} + \sum_{n=1}^{\infty} (A_n \cos \lambda_n x + B_n \sin \lambda_n x) \qquad (16.3)$$

となる．オイラー (Euler) の公式

$$e^{i\theta} = \cos \theta + i \sin \theta$$

より

$$\cos \theta = \frac{e^{i\theta} + e^{-i\theta}}{2}, \quad \sin \theta = \frac{e^{i\theta} - e^{-i\theta}}{2i}$$

となることより

$$A_n \cos \lambda_n x + B_n \sin \lambda_n x$$
$$= \left(\frac{A_n}{2} + \frac{B_n}{2i} \right) e^{i\lambda_n x} + \left(\frac{A_n}{2} - \frac{B_n}{2i} \right) e^{-i\lambda_n x} \qquad (16.4)$$

となる．

ここで (16.2) にオイラーの公式を用いると，

$$C_n := \frac{A_n}{2} + \frac{B_n}{2i} = \frac{1}{2L} \int_{-L}^{L} \phi(y) e^{-i\lambda_n y} \, dy \qquad (16.5)$$

となり，実数 A_n, B_n に対して

$$\frac{A_n}{2} - \frac{B_n}{2i} = \overline{\frac{A_n}{2} + \frac{B_n}{2i}} = C_{-n}$$

よって (16.3) に (16.4),(16.5) を代入すると

$$\phi(x) = \sum_{n=0,\pm 1,\pm 2,\cdots} C_n e^{i\lambda_n x} \qquad (16.6)$$

ここで $f(x), g(x)$ の内積を

$$\langle f, g \rangle = \int_{-L}^{L} f(y)\overline{g(y)}dy \tag{16.7}$$

で与えると

$$C_n = \frac{1}{2L}\langle \phi, e^{i\lambda_n x}\rangle \tag{16.8}$$

(16.6) を $\phi(x)$ の複素フーリエ級数展開という.

16.2　フーリエ変換の反転公式

複素フーリエ級数からフーリエ変換へ

(16.6) は, $\Delta\lambda = \dfrac{\pi}{L}$ とおくと,

$$\phi(x) = \frac{1}{2\pi}\int_{-L}^{L}\phi(y)\sum_{n=0,\pm1,\pm2,\cdots}\Delta\lambda e^{in\Delta\lambda(x-y)}dy \tag{16.9}$$

となる. 一般に, 形式的に,

$$\lim_{\Delta\lambda\to 0}\sum_{n=0,\pm1,\pm2,\cdots}f(n\Delta\lambda)\Delta\lambda = \int_{-\infty}^{\infty}f(\lambda)d\lambda \tag{16.10}$$

となることより, (16.9) の右辺において, $L \to \infty$ とすると, $\Delta\lambda \to 0$ となり, 右辺は形式的に,

$$\begin{aligned}
&\lim_{L\to\infty}\frac{1}{2\pi}\int_{-L}^{L}\phi(y)\sum_{n=0,\pm1,\pm2,\cdots}\Delta\lambda e^{in\Delta\lambda(x-y)}dy\\
&= \frac{1}{2\pi}\int_{-\infty}^{\infty}\phi(y)\left\{\int_{-\infty}^{\infty}e^{i\lambda(x-y)}d\lambda\right\}dy\\
&= \frac{1}{\sqrt{2\pi}}\int_{-\infty}^{\infty}\left\{\frac{1}{\sqrt{2\pi}}\int_{-\infty}^{\infty}\phi(y)e^{-i\lambda y}dy\right\}e^{i\lambda x}d\lambda
\end{aligned} \tag{16.11}$$

ここで,

$$\hat{\phi}(\lambda) = \frac{1}{\sqrt{2\pi}} \int_{-\infty}^{\infty} \phi(x) e^{-i\lambda x} dx \qquad (16.12)$$

を ϕ のフーリエ変換という. $\hat{\phi}$ を $\mathcal{F}\phi$ と書くことも多い. すると (16.9) は形式的に

$$\phi(x) = \frac{1}{\sqrt{2\pi}} \int_{-\infty}^{\infty} \mathcal{F}\phi(\lambda) e^{i\lambda x} d\lambda \qquad (16.13)$$

と書くことができる.

$$\mathcal{F}^*\Phi(x) = \frac{1}{\sqrt{2\pi}} \int_{-\infty}^{\infty} \Phi(\lambda) e^{i\lambda x} d\lambda \qquad (16.14)$$

と書くと, (16.13) は

$$\phi(x) = \mathcal{F}^*\mathcal{F}\phi(x) \qquad (16.15)$$

と書くことができる. (16.15) すなわち (16.13) はフーリエ変換の反転公式とよばれる. また $\mathcal{F}^*\Phi(x)$ を $\Phi(\lambda)$ の共役フーリエ変換という.

(16.12) の右辺で ϕ は絶対積分可能であればよい. (16.15) はどのような ϕ について考えることができるのか, について次節で考察する.

例 16.1

$$\phi(x) = e^{-|x|} \qquad (16.16)$$

がフーリエ変換の反転公式をみたすことを確かめる.

$$\begin{aligned}
\sqrt{2\pi}\hat{\phi}(\lambda) &= \int_{-\infty}^{\infty} e^{-|x|} e^{-i\lambda x} dx \\
&= \int_{-\infty}^{0} e^{x} e^{-i\lambda x} dx + \int_{0}^{\infty} e^{-x} e^{-i\lambda x} dx \\
&= \int_{-\infty}^{0} e^{(1-i\lambda)x} dx + \int_{0}^{\infty} e^{-(1+i\lambda)x} dx \\
&= \frac{1}{1-i\lambda} + \frac{1}{1+i\lambda} = \frac{2}{1+\lambda^2}
\end{aligned}$$

よって

$$\mathcal{F}(e^{-|x|}) = \sqrt{\frac{2}{\pi}} \frac{1}{1 + \lambda^2} \tag{16.17}$$

となることより,

$$(\mathcal{F}^* \hat{\phi})(x) = \frac{1}{\sqrt{2\pi}} \int_{-\infty}^{\infty} \sqrt{\frac{2}{\pi}} \frac{1}{1 + \lambda^2} e^{i\lambda x} d\lambda$$

$$= \frac{1}{2\pi i} \int_{-\infty}^{\infty} \left(\frac{1}{\lambda - i} - \frac{1}{\lambda + i} \right) e^{i\lambda x} d\lambda$$

ここで

$$f(z) = \left(\frac{1}{z - i} - \frac{1}{z + i} \right) e^{ixz}$$

は $z = \pm i$ で 1 位の極をもつ. $x > 0$ のとき, $\mathrm{Im}\, z > 0$ を保ちながら $|z| \to \infty$ のとき $e^{ixz} \to 0$ となることに注意して, 積分路を実軸上の区間 $[-R, R]$ と半径 R の上半円からなる閉曲線上での積分に留数定理を適用し, $R \to \infty$ とすることにより

$$\frac{1}{2\pi i} \int_{-\infty}^{\infty} f(\lambda) d\lambda = e^{-x}$$

$x < 0$ のときは下半面に積分路をとることにより

$$\frac{1}{2\pi i} \int_{-\infty}^{\infty} f(\lambda) d\lambda = e^{x}$$

よって, (16.17) に対して

$$(\mathcal{F}^* \hat{\phi})(x) = e^{-|x|} \qquad\qquad \diamondsuit$$

例 16.2

$$\phi(x) = e^{-ax^2} \qquad (a > 0) \tag{16.18}$$

に対して,

$$\sqrt{2\pi}\hat{\phi}(\lambda) = \int_{-\infty}^{\infty} e^{-ax^2}e^{-i\lambda x}dx$$

$$= \frac{1}{\sqrt{a}}\int_{-\infty}^{\infty} e^{-t^2 - i\lambda\frac{t}{\sqrt{a}}}dt$$

$$= \frac{1}{\sqrt{a}}\int_{-\infty}^{\infty} e^{-(t+\frac{i\lambda}{2\sqrt{a}})^2}e^{-\frac{\lambda^2}{4a}}dt$$

$$= \frac{1}{\sqrt{a}}e^{-\frac{\lambda^2}{4a}}\int_{-\infty}^{\infty} e^{-t^2}dt$$

$$= \sqrt{\frac{\pi}{a}}e^{-\frac{\lambda^2}{4a}}$$

よって

$$\mathcal{F}(e^{-ax^2})(\lambda) = \frac{1}{\sqrt{2a}}e^{-\frac{\lambda^2}{4a}} \tag{16.19}$$

同様に

$$\mathcal{F}^*(e^{-a\lambda^2})(x) = \frac{1}{\sqrt{2a}}e^{-\frac{x^2}{4a}} \tag{16.20}$$

よって $a = \dfrac{1}{2}$ のとき，すなわち $\phi(x) = e^{-\frac{x^2}{2}}$ は $\mathcal{F}$ および $\mathcal{F}^*$ で不変である．

◇

16.3 フーリエ変換の性質

定理 16.1 $\mathbb{R}$ で絶対積分可能な関数 $\phi_1(x), \phi_2(x)$ に対して，

(1)

$$\mathcal{F}(a\phi_1 + b\phi_2) = a\mathcal{F}(\phi_1) + b\mathcal{F}(\phi_2) \tag{16.21}$$

(2)

$$\mathcal{F}(\phi_1 * \phi_2) = \sqrt{2\pi}\mathcal{F}(\phi_1) \cdot \mathcal{F}(\phi_2) \tag{16.22}$$

が成り立つ．

証明 (1) (16.12) より明らか．

(2) $\sqrt{2\pi}\mathcal{F}(\phi_1 * \phi_2)$

$$= \int_{-\infty}^{\infty} \left(\int_{-\infty}^{\infty} \phi_1(x-t)\phi_2(t)dt \right) e^{-i\lambda x}dx$$

$$= \int_{-\infty}^{\infty} \left(\int_{-\infty}^{\infty} \phi_1(x-t)\phi_2(t)e^{-i\lambda(x-t)}e^{-i\lambda t}dt \right)dx$$

$$= \int_{-\infty}^{\infty} \left(\int_{-\infty}^{\infty} \phi_1(x-t)e^{-i\lambda(x-t)}dx \right) \phi_2(t)e^{-i\lambda t}dt \qquad (16.23)$$

$$= \int_{-\infty}^{\infty} \left(\int_{-\infty}^{\infty} \phi_1(s)e^{-i\lambda s}ds \right) \phi_2(t)e^{-i\lambda t}dt$$

$$= \sqrt{2\pi}\hat{\phi}_1(\lambda) \int_{-\infty}^{\infty} \phi_2(t)e^{-i\lambda t}dt$$

$$= \sqrt{2\pi}\hat{\phi}_1(\lambda) \cdot \sqrt{2\pi}\hat{\phi}_2(\lambda)$$

ただし (16.23) でフビニの定理を用いた. ■

定理 16.2 $\mathbb{R}$ で絶対積分可能な関数 $\phi(x)$ に対して，$\hat{\phi}$ は有界かつ連続である.

証明

$$\int_{-\infty}^{\infty} |\phi(x)|dx < \infty \qquad (16.24)$$

をみたす関数 $\phi(x)$ に対して，

$$\begin{aligned} |\hat{\phi}(\lambda)| &= \frac{1}{\sqrt{2\pi}} \left| \int_{-\infty}^{\infty} \phi(x)e^{-i\lambda x}dx \right| \\ &\leq \frac{1}{\sqrt{2\pi}} \int_{-\infty}^{\infty} |\phi(x)|dx \end{aligned} \qquad (16.25)$$

により，$\hat{\phi}$ は有界になる. また $\phi(x)$ が不連続点をもっていても，不連続点の集合が零集合であるならば，$\hat{\phi}$ は連続となる. なぜならルベーグ収束定理によって，$h \to 0$ のとき，

$$\sqrt{2\pi}\hat{\phi}(\lambda + h) = \int_{-\infty}^{\infty} \phi(x)e^{-i(\lambda+h)x}dx$$

$$\longrightarrow \int_{-\infty}^{\infty} \phi(x)e^{-i\lambda x}dx = \sqrt{2\pi}\hat{\phi}(\lambda) \qquad \blacksquare$$

$$C_0^\infty(\mathbb{R}) = \{f(x) \in C^\infty(\mathbb{R}) \mid \operatorname{supp} f \text{ は有界閉集合}\}$$

$$(16.26)$$

とする. $f \in C_0^\infty(\mathbb{R})$ に対して,

$$\exists L > 0 \; ; \; |x| > L \implies f(x) = 0$$

定理 16.3 (リーマン・ルベーグ (Riemann-Lebesgue) の定理) $\mathbb{R}$ で絶対積分可能な関数 $\phi(x)$ に対して,

$$\hat{\phi}(\lambda) \to 0 \qquad (|\lambda| \to \infty) \tag{16.27}$$

証明 ステップ 1 $\phi(x) \in C_0^\infty(\mathbb{R})$ のとき.

$$\begin{aligned}
\hat{\phi}(\lambda) &= \int_{-\infty}^\infty \phi(x) e^{-i\lambda x} dx \\
&= \int_{-\infty}^\infty \phi(x) \frac{\partial}{\partial x}(e^{-i\lambda x}) \cdot \frac{1}{-i\lambda} dx \\
&= \frac{1}{-i\lambda} \left\{ \left[\phi(x) e^{-i\lambda x} \right]_{x=-\infty}^{x=\infty} - \int_{-\infty}^\infty \phi'(x) e^{-i\lambda x} dx \right\}
\end{aligned}$$

よって

$$|\hat{\phi}(\lambda)| \leq \frac{1}{|\lambda|} \int_{-\infty}^\infty |\phi'(x)| dx \to 0 \qquad (|\lambda| \to \infty) \tag{16.28}$$

ステップ 2 定理 15.6 と同様に[*1], 絶対積分可能な関数 $\phi(x)$ に対して,

$$\forall \varepsilon > 0, \; \exists \psi(x) \in C_0^\infty(\mathbb{R}) \; ; \; \int_{-\infty}^\infty |\phi(x) - \psi(x)| dx < \varepsilon \tag{16.29}$$

より,

$$|\hat{\phi}(\lambda)| \leq \left| \int_{-\infty}^\infty (\phi(x) - \psi(x)) e^{-i\lambda x} dx \right| + \left| \int_{-\infty}^\infty \psi(x) e^{-i\lambda x} dx \right| \to 0 \quad (|\lambda| \to \infty)$$

■

[*1] (15.25) で $h \in C_0^\infty(\mathbb{R})$ にできる.

16.4 急減少関数

　フーリエ変換の反転公式が意味をもつためには，(16.12) の積分と (16.13) の積分が意味をもたなければならない．すなわち $\phi(x)e^{-i\lambda x}$ が x について $\mathbb{R}$ で積分可能であり，(16.13) で $\mathcal{F}\phi(\lambda)e^{i\lambda x}$ も λ について $\mathbb{R}$ で積分可能でなくてはならない．

　以下では $\mathcal{F}$ と $\mathcal{F}^*$ の定義域を考える．フーリエ変換の反転公式が意味をもつためには，$\mathcal{F}$ の値域が $\mathcal{F}^*$ の定義域内になくてはならない．このとき写像 $\mathcal{F}^*\mathcal{F}$ が定義される．そして $\mathcal{F}^*\mathcal{F}$ が恒等写像となるように，同一の関数空間が定義域と値域になるように定める．

定義 16.1　関数 $f(x): \mathbb{R} \longrightarrow \mathbb{C}$ が急減少関数であるとは，
(1)　$f \in C^\infty(\mathbb{R})$
(2)　あらゆる $n = 0, 1, 2, \cdots$，あらゆる $k = 0, 1, 2, \cdots$ に対して，

$$|x|^k f^{(n)}(x) \to 0 \qquad (|x| \to \infty) \tag{16.30}$$

が成り立つことである．急減少関数の集合を $\mathscr{S}(\mathbb{R})$ と書く．

　$f \in \mathscr{S}(\mathbb{R})$ は $|x| \to \infty$ のとき，任意の n 階導関数 $f^{(n)}(x)$ が任意の多項式 $P(x)$ に対して，$\dfrac{1}{P(x)}$ よりも急激に減衰しなければならない．当然，

$$C_0^\infty(\mathbb{R}) \subset \mathscr{S}(\mathbb{R})$$

ではあるが，$e^{-x^2} \in \mathscr{S}(\mathbb{R})$ だが，$e^{-x^2} \notin C_0^\infty(\mathbb{R})$. $f \in \mathscr{S}(\mathbb{R})$ は $\mathbb{R}$ で絶対積分可能である．

定理 16.4　$\phi \in \mathscr{S}(\mathbb{R})$ に対して，
(1)

$$\mathcal{F}(\phi^{(n)}(x)) = (i\lambda)^n \mathcal{F}(\phi) \tag{16.31}$$

(2)

$$\mathcal{F}(x^n \phi(x)) = i^n (\mathcal{F}(\phi)(\lambda))^{(n)} \tag{16.32}$$

証明 (1)

$$
\begin{aligned}
&\sqrt{2\pi}\,\mathcal{F}\left(\frac{d}{dx}\phi\left(x\right)\right)\\
&=\int_{-\infty}^{\infty}\phi'(x)e^{-i\lambda x}dx\\
&=\left[\phi(x)e^{-i\lambda x}\right]_{x=-\infty}^{x=\infty}-\int_{-\infty}^{\infty}\phi(x)(-i\lambda)e^{-i\lambda x}dx\\
&=i\lambda\int_{-\infty}^{\infty}\phi(x)e^{-i\lambda x}dx\\
&=i\lambda\cdot\sqrt{2\pi}\mathcal{F}(\phi)
\end{aligned}
\tag{16.33}
$$

すなわち

$$
\mathcal{F}\left(\frac{d}{dx}\phi(x)\right)=i\lambda\mathcal{F}(\phi)
\tag{16.34}
$$

n 階微分のフーリエ変換も同様に与えられる.

(2) 積分記号下の微分法により,

$$
\begin{aligned}
\mathcal{F}(x\phi(x))&=\frac{1}{\sqrt{2\pi}}\int_{-\infty}^{\infty}x\phi(x)e^{-i\lambda x}dx\\
&=\frac{1}{\sqrt{2\pi}}\int_{-\infty}^{\infty}\phi(x)\cdot\frac{1}{-i}\frac{\partial}{\partial\lambda}e^{-i\lambda x}dx\\
&=\frac{i}{\sqrt{2\pi}}\frac{\partial}{\partial\lambda}\int_{-\infty}^{\infty}\phi(x)e^{-i\lambda x}dx\\
&=i\frac{\partial}{\partial\lambda}\mathcal{F}(\phi)
\end{aligned}
\tag{16.35}
$$

となることより (16.32) も同様に与えられる[*2]. ∎

定理 16.5

$$
\begin{aligned}
&(1)\qquad \phi\in\mathscr{S}(\mathbb{R})\implies\mathcal{F}\phi\in\mathscr{S}(\mathbb{R})\\
&(2)\qquad \phi\in\mathscr{S}(\mathbb{R})\implies\mathcal{F}^*\phi\in\mathscr{S}(\mathbb{R})
\end{aligned}
\tag{16.36}
$$

[*2] 積分記号下の微分法は, $\left|\dfrac{e^{-i(\lambda+h)x}-e^{-i\lambda x}}{h}\right|=\left|-ixe^{-i\lambda x}\cdot\dfrac{e^{-ihx}-1}{-ihx}\right|\leq|x|$ および $|x|\phi(x)\in\mathscr{S}(\mathbb{R})$ によって使用できる.

証明

$$(-i\lambda)^n \left(\frac{\partial}{\partial \lambda}\right)^k \mathcal{F}\phi(\lambda) = \mathcal{F}\left(\left(\frac{\partial}{\partial x}\right)^n (-ix)^k \phi(x)\right)(\lambda) \qquad (16.37)$$

であり,

$$\left|\mathcal{F}\left(\left(\frac{\partial}{\partial x}\right)^n (-ix)^k \phi(x)\right)\right|$$
$$\leq \frac{1}{\sqrt{2\pi}} \int_{-\infty}^{\infty} \left|\left(\frac{\partial}{\partial x}\right)^n (-ix)^k \phi(x)\right| dx < \infty \qquad (16.38)$$

よってリーマン・ルベーグの定理によって

$$(-i\lambda)^n \left(\frac{\partial}{\partial \lambda}\right)^k \mathcal{F}\phi(\lambda) \to 0 \qquad (|\lambda| \to \infty)$$

すなわち $\mathcal{F}\phi \in \mathscr{S}(\mathbb{R})$. (2) も同様. ■

定理 16.6　$\mathcal{F}^*\mathcal{F} : \mathscr{S}(\mathbb{R}) \longrightarrow \mathscr{S}(\mathbb{R})$ および $\mathcal{F}\mathcal{F}^* : \mathscr{S}(\mathbb{R}) \longrightarrow \mathscr{S}(\mathbb{R})$ は恒等写像.

証明の前の注意

$$g(x) := \mathcal{F}^*\mathcal{F}f(x) = \frac{1}{2\pi} \int_{-\infty}^{\infty} \left(\int_{-\infty}^{\infty} e^{-i\lambda(t-x)} f(t) dt\right) d\lambda \qquad (16.39)$$

を形式的に

$$g(x) = \frac{1}{2\pi} \int_{-\infty}^{\infty} \left(\int_{-\infty}^{\infty} e^{-i\lambda(t-x)} f(t) d\lambda\right) dt$$
$$= \frac{1}{2\pi} \int_{-\infty}^{\infty} \left(\int_{-\infty}^{\infty} e^{-i\lambda(t-x)} d\lambda\right) f(t) dt$$

と計算していきたいところだが, $e^{-i\lambda(t-x)} f(t)$ は $|\lambda| \to \infty$ のとき, 減衰しないため, フビニの定理が使えない.

証明　$^\forall \varepsilon > 0$ に対して,

$$f_\varepsilon(t, \lambda) := e^{-\varepsilon|\lambda|} f(t)$$

とし，

$$g_\varepsilon(x) := \frac{1}{2\pi} \int_{-\infty}^{\infty} \left(\int_{-\infty}^{\infty} e^{-i\lambda(t-x)} f_\varepsilon(t, \lambda) dt \right) d\lambda \qquad (16.40)$$

とする．

$$^\forall x \in \mathbb{R}, \ e^{-i\lambda(t-x)} f_\varepsilon(t, \lambda) \in L^1(\mathbb{R}^2)$$

であるから，フビニの定理を利用でき，

$$g_\varepsilon(x) = \frac{1}{2\pi} \int_{-\infty}^{\infty} \left(\int_{-\infty}^{\infty} e^{-i\lambda(t-x)} e^{-\varepsilon|\lambda|} d\lambda \right) f(t) dt$$

ここで，(16.17) より，

$$\int_{-\infty}^{\infty} e^{-i\lambda(t-x)} e^{-\varepsilon|\lambda|} d\lambda = \sqrt{2\pi} \mathcal{F}(e^{-\varepsilon|\lambda|})(t-x) = \frac{2\varepsilon}{\varepsilon^2 + (t-x)^2}$$

であるから，

$$g_\varepsilon(x) = \frac{1}{\pi} \int_{-\infty}^{\infty} \frac{\varepsilon}{\varepsilon^2 + (t-x)^2} f(t) dt$$

$$= \frac{1}{\pi} \int_{-\infty}^{\infty} \frac{1}{1+s^2} f(x + \varepsilon s) ds \qquad \left(s = \frac{t-x}{\varepsilon} \right)$$

ここで，

$$h_\varepsilon(s) = \frac{1}{1+s^2} f(x + \varepsilon s), \qquad h(s) = \frac{1}{1+s^2} \sup |f|$$

に対して，

$$\int_{-\infty}^{\infty} \frac{1}{1+s^2} ds = \pi < \infty$$

より，$h(s) \in L^1(\mathbb{R})$ かつ $|h_\varepsilon(s)| \le h(s)$ であるから，ルベーグ収束定理により，

$$\lim_{\varepsilon \to 0} \int_{-\infty}^{\infty} h_\varepsilon(s) ds = \int_{-\infty}^{\infty} \frac{1}{1+s^2} f(x) ds = \pi f(x)$$

よって

$$
\begin{aligned}
f(x) &= \lim_{\varepsilon \to 0} g_\varepsilon(x) \\
&= \frac{1}{2\pi} \int_{-\infty}^{\infty} \left(\int_{-\infty}^{\infty} e^{-i\lambda(t-x)} \lim_{\varepsilon \to 0} f_\varepsilon(t,\lambda) dt \right) d\lambda \\
&= \mathcal{F}^* \mathcal{F} f(x)
\end{aligned}
$$

$\mathcal{F}\mathcal{F}^* f = f$ も同様.　■

このように $\mathcal{F}^*$ は $\mathcal{F}$ の逆作用素になっているので，$\mathcal{F}^*$ の代わりに $\mathcal{F}^{-1}$ と書き，フーリエ逆変換という．よってフーリエ変換，フーリエ逆変換は

$$
\begin{aligned}
\mathcal{F}\phi(\lambda) &= \frac{1}{\sqrt{2\pi}} \int_{-\infty}^{\infty} \phi(x) e^{-i\lambda x} dx \\
\mathcal{F}^{-1}\varPhi(x) &= \frac{1}{\sqrt{2\pi}} \int_{-\infty}^{\infty} \varPhi(\lambda) e^{i\lambda x} d\lambda
\end{aligned}
\tag{16.41}
$$

と表される.

命題 16.1（乗法公式）　$f, g \in \mathscr{S}(\mathbb{R})$ に対して，
$$
\int_{-\infty}^{\infty} f(x)\hat{g}(x) dx = \int_{-\infty}^{\infty} \hat{f}(\lambda) g(\lambda) d\lambda
$$
が成り立つ.

証明
$$
\begin{aligned}
&\int_{-\infty}^{\infty} f(x)\hat{g}(x) dx \\
&= \int_{-\infty}^{\infty} f(x) \left(\int_{-\infty}^{\infty} e^{-i\lambda x} g(\lambda) d\lambda \right) dx \\
&= \int_{-\infty}^{\infty} \left(\int_{-\infty}^{\infty} e^{-i\lambda x} f(x) dx \right) g(\lambda) d\lambda \\
&= \int_{-\infty}^{\infty} \hat{f}(\lambda) g(\lambda) d\lambda
\end{aligned}
$$
　■

16.5　微分方程式をフーリエ変換で解く

微分方程式をフーリエ変換を用いて解くとき，微分方程式にフーリエ変換を

ほどこし，λ の関数として解を求めてから，フーリエ逆変換を行い，x の関数として解を求める，という手順をとる．

例 16.3 $f \in \mathscr{S}(\mathbb{R})$ に対して，微分方程式

$$\begin{cases} y'' - y = f \\ \lim_{|x| \to \infty} y(x) = 0 \end{cases} \tag{16.42}$$

をフーリエ変換で解くことを考える．$y \in \mathscr{S}(\mathbb{R})$ と仮定して，両辺にフーリエ変換を行うと，(16.21) より

$$\mathcal{F}(y'') - \mathcal{F}(y) = \mathcal{F}f$$

となり，(16.34) より

$$(i\lambda)^2 \hat{y} - \hat{y} = \hat{f}$$
$$\hat{y} = \frac{1}{1 + \lambda^2} \mathcal{F}(-f) \tag{16.43}$$

ここで (16.17) より

$$\frac{1}{1 + \lambda^2} = \sqrt{\frac{\pi}{2}} \mathcal{F}(e^{-|x|})$$

であることより

$$\hat{y} = \sqrt{\frac{\pi}{2}} \mathcal{F}(e^{-|x|}) \mathcal{F}(-f)$$

よって (16.22) を用いると

$$\hat{y} = \frac{1}{2} \mathcal{F}(e^{-|x|} * (-f))$$

よってフーリエ逆変換を行い，

$$y = -\frac{1}{2} e^{-|x|} * f = -\frac{1}{2} \int_{-\infty}^{\infty} e^{-|x-t|} f(t) dt$$

を得る．なおこの y は $y \in \mathscr{S}(\mathbb{R})$ である．　◇

　(16.43) のように，フーリエ変換によって線形微分方程式は代数方程式

に帰着される．代数方程式の解の逆変換によって，もとの微分方程式の解
は与えられる．

例 16.4　熱方程式

$$
\begin{cases}
u_t(x,t) = u_{xx}(x,t), & (x,t) \in \mathbb{R} \times (0,\infty) \\
\displaystyle\lim_{|x|\to\infty} u(x,t) = 0 \\
u(x,0) = \phi(x)
\end{cases}
$$

に対して，x についてフーリエ変換をほどこすと，(16.31) により x の微分が
消え，t に関する常微分方程式に帰着される．それを解いてからフーリエ逆変
換によって解を得る．

$u(x,t)$ を t をパラメータとし，任意の t について $u(\cdot,t) \in \mathscr{S}(\mathbb{R})$ を仮定し，
x についてフーリエ変換したものを $\hat{u}(\lambda,t)$ または $\mathcal{F}(u)(\lambda,t)$ で表す．

$$
\mathcal{F}(u_{xx}) = (i\lambda)^2 \hat{u}(\lambda,t)
$$

であり，$u_t(\cdot,t) \in L^1(\mathbb{R})$ であるならば，

$$
\begin{aligned}
\mathcal{F}(u_t) &= \frac{1}{\sqrt{2\pi}} \int_{-\infty}^{\infty} \frac{\partial}{\partial t} u(x,t) e^{-i\lambda x} dx \\
&= \frac{\partial}{\partial t} \left(\frac{1}{\sqrt{2\pi}} \int_{-\infty}^{\infty} u(x,t) e^{-i\lambda x} dx \right) \\
&= \frac{\partial}{\partial t} \hat{u}(\lambda,t)
\end{aligned}
$$

ここで x の積分と t の微分の順序交換を行った．

よって，熱方程式にフーリエ変換を行うと

$$
\frac{\partial}{\partial t} \hat{u}(\lambda,t) = -\lambda^2 \hat{u}(\lambda,t) \tag{16.44}
$$

を得る．初期条件は

$$
\hat{u}(\lambda,0) = \hat{\phi}(\lambda) \tag{16.45}
$$

となる．よって (16.44),(16.45) を解いて，

$$\hat{u}(\lambda, t) = \hat{\phi}(\lambda)e^{-\lambda^2 t} \tag{16.46}$$

よって, ある $g(x, t)$ について

$$\sqrt{2\pi}\hat{g}(\lambda, t) = e^{-\lambda^2 t} \tag{16.47}$$

であるとすると,

$$\hat{u}(\lambda, t) = \hat{\phi}(\lambda) \cdot \sqrt{2\pi}\hat{g}(\lambda, t)$$
$$= \mathcal{F}(\phi * g(\cdot, t))$$

より

$$u(x, t) = (\phi * g)(x, t) \tag{16.48}$$

を得る.

以下 (16.47) をみたす $g(x, t)$ を求める.

$$
\begin{aligned}
g(x, t) &= \mathcal{F}^{-1}\left(\frac{1}{\sqrt{2\pi}}e^{-\lambda^2 t}\right) \\
&= \frac{1}{2\pi}\int_{-\infty}^{\infty} e^{-t\lambda^2 + i\lambda x} d\lambda \\
&= \frac{1}{2\pi}\int_{-\infty}^{\infty} e^{-t\{(\lambda - i\frac{x}{2t})^2 + \frac{x^2}{4t^2}\}} d\lambda \\
&= \frac{1}{2\pi}e^{-\frac{x^2}{4t}} \lim_{r \to \infty}\int_{-r+\frac{x}{2t}i}^{r+\frac{x}{2t}i} e^{-\xi^2}\frac{1}{\sqrt{t}} d\xi \\
&= \frac{1}{2\pi}e^{-\frac{x^2}{4t}} \cdot \frac{1}{\sqrt{t}} \cdot \sqrt{\pi} \\
&= \frac{1}{\sqrt{4\pi t}}e^{-\frac{x^2}{4t}}
\end{aligned}
\tag{16.49}
$$

$\phi \in L^1$ のとき, 定理 15.4 より (16.48) の $u(x, t)$ は $u_t(\cdot, t) = \phi * g_t \in L^1$ であり, $u(\cdot, t) \in \mathscr{S}(\mathbb{R})$ である. ◇

参考文献

以下に，本書の執筆にあたって参考にしたおもな書籍をあげる．

[1] 高木貞治，『解析概論（改訂第 3 版）』，岩波書店，1983.

[2] 伊藤清三，『ルベーグ積分入門』，裳華房，1963.

[3] 吉田洋一，『ルベグ積分入門』，培風館，1965.

[4] 松澤忠人・原優・小川吉彦，『積分論と超関数論入門』，学術図書出版社，1996.

[5] 谷島賢二，『ルベーグ積分と関数解析』，朝倉書店，2002.

[6] 洲之内治男，『ルベーグ積分入門』，内田老鶴圃，1974.

[7] 藤田宏・吉田耕作，『現代解析入門』，岩波書店，1991.

[8] 高橋秀慈，『微分積分リアル入門 — イメージから理論へ —』，裳華房，2017.

[9] 高橋秀慈，『微分方程式リアル入門 — 解法の背景を探る—』，裳華房，2019.

[10] M.J. ライトヒル，『フーリエ解析と超関数』（高見頴郎訳），ダイヤモンド社，1975.

[11] 儀我美一・儀我美保，『非線形偏微分方程式 — 解の漸近挙動と自己相似解 —』，共立出版，1999.

[12] エリアス・M. スタイン，ラミ・シャカルチ，『フーリエ解析入門』（新井仁之・杉本充・高木啓行・千原浩之訳），日本評論社，2007.

[13] 垣田髙夫，『ルベーグ積分しょーと・こーす』，日本評論社，1995.

[14] 柴田良弘，『ルベーグ積分論』，内田老鶴圃，2006.

[15] 藤田宏，『応用数学（三訂版）』，放送大学教育振興会，1999.

[16] 藤原松三郎，『微分積分学　第 1 巻（改訂新編）』（浦川肇・髙木泉・藤原毅夫編著），内田老鶴圃，2016.

索　引

著者略歴

髙橋　秀慈（たかはし　しゅうじ）

1962 年青森県に生まれる．1987 年北海道大学理学部数学科卒業．1992 年
東京電機大学理工学部助手．現在，東京電機大学理工学部准教授．博士
（理学）．

ルベーグ積分リアル入門 ― 理論構造を追跡する ―

2023 年 8 月 31 日　第 1 版 1 刷 発行

検　印 省　略		
定価はカバーに表 示してあります．	著 作 者	髙　橋　秀　慈
	発 行 者	吉　野　和　浩
	発 行 所	東京都千代田区四番町 8-1 電　話 03-3262-9166（代） 郵便番号　102-0081 株式会社　裳　華　房
	印刷・製本	大日本法令印刷株式会社

ISBN 978-4-7853-1600-6

© 髙橋秀慈, 2023　　Printed in Japan